手把手教你看懂施工图丛书

20 小时内教你看懂
建筑施工图

李 亮 主编

中国建筑工业出版社

图书在版编目（CIP）数据

20 小时内教你看懂建筑施工图/李亮主编. —北京：
中国建筑工业出版社，2015.1
手把手教你看懂施工图丛书
ISBN 978-7-112-17683-0

Ⅰ.①2… Ⅱ.①李… Ⅲ.①建筑制图-识别
Ⅳ.①TU204

中国版本图书馆 CIP 数据核字（2015）第 015898 号

　　全书共分 20 小时，内容包括：小区建筑总平面图识读、高层住宅小区总平面图识读、办公楼建筑平面图识读、写字楼标准层平面图识读、办公楼建筑立面图识读、别墅建筑立面图识读、写字楼剖面图识读、别墅剖面图识读、办公楼剖面图识读、办公楼卫生间详图识读、建筑墙身详图识读、建筑楼梯详图识读、钢烟囱平面布置图识读、钢烟囱剖面图识读、烟囱外形图识读、水塔立面图识读、蓄水池平面图识读、蓄水池剖面图识读、混凝土料仓立面图识读、料仓立面及剖面图识读。

　　本书内容详实，语言简洁，重点突出，简明扼要，内容新颖，涵盖面广，力求做到图文并茂，表述正确，具有较强的指导性和可读性，是建筑工程施工技术人员的必备辅导书籍，也可作为相关专业的培训教材。

责任编辑：范业庶　王砾瑶
责任设计：董建平
责任校对：李美娜　张　颖

手把手教你看懂施工图丛书
20 小时内教你看懂建筑施工图
李　亮　主编
＊
中国建筑工业出版社出版、发行（北京西郊百万庄）
各地新华书店、建筑书店经销
霸州市顺浩图文科技发展有限公司制版
北京君升印刷有限公司印刷
＊
开本：787×960 毫米　1/16　印张：7¾　字数：145 千字
2015 年 2 月第一版　　2016 年 12 月第二次印刷
定价：**24.00** 元
ISBN 978-7-112-17683-0
（26978）

丛书编委会

巴　方　　杜海龙　　韩　磊　　郝建强
李　亮　　李　鑫　　李志杰　　廖圣涛
刘雷雷　　孟　帅　　葛美玲　　苗　峰
危凤海　　张　巍　　张志宏　　赵亚军
马　楠　　李　鹏　　张　克　　徐　阳

前　言

近年来，我国国民经济的蓬勃发展，带动了建筑行业的快速发展，许多大楼拔地而起，随之而来的是对建筑设计、施工、预算、管理人员的大量需求。

建筑工程施工图是建筑工程施工的依据，建筑工程施工图识读是建筑工程施工的基础。本套丛书的编写，一是有利于培养读者的空间想象能力，二是有利于提高读者正确绘制和阅读建筑工程图的能力。因此，理论性和实践性都较强。

本套丛书在编写过程中，既融入了编者多年的工作经验，又采用了许多近年完成的有代表性的工程施工图实例。本套丛书为便于读者结合实际，并系统掌握相关知识，在附录中还附有相关的制图标准和制图图例，供读者阅读使用。

本套丛书共分 6 册：

(1)《20 小时内教你看懂建筑施工图》；

(2)《20 小时内教你看懂建筑结构施工图》；

(3)《20 小时内教你看懂建筑给水排水及采暖施工图》；

(4)《20 小时内教你看懂建筑通风空调施工图》；

(5)《20 小时内教你看懂建筑电气施工图》；

(6)《20 小时内教你看懂建筑装饰装修施工图》。

丛书特点：

随着建筑工程的规模日益扩大，对于刚参加工程建筑施工的人员，由于对房屋的基本构造不熟悉，还不能看懂建筑施工的图纸。为此迫切希望能够看懂建筑施工的图纸，学会这门技术，为实施工程施工创造良好的条件。

新版的《房屋建筑制图统一标准》、《总图制图标准》、《建筑制图标准》、《建筑结构制图标准》、《给水排水制图标准》、《暖通空调制图标准》2011 年正式实施，针对新版的制图标准，我们编写了这套丛书，通过对范例的精讲和对基础知识介绍，能让读者更加熟悉新的制图标准，方便地识读图纸。

本书编写不设章、节，按照第××小时进行编写，与书名相呼应，让读者感觉施工图识读不是一件困难的事情，本书的施工图实例解读详细准确，中间穿插介绍一些识读的基本知识，方便读者学习。

本书三大特色：

(1) 内容精。典型实例逐一讲解。

（2）理解易。理论基础穿插介绍。

（3）实例全。各种实例面面俱到。

在此感谢杜海龙、廖圣涛、徐阳、马楠、张克、李鹏、韩磊、葛美玲、刘雷雷、刘新艳、李庆磊、孟文璐、李志杰、赵亚军、苗峰等人在本书编写过程中所做的资料整理和排版工作。

由于编者水平有限，书中的缺点在所难免，希望同行和读者给予指正。

目　录

第1小时

小区建筑总平面图识读

一、基础知识

1. 建筑总平面图概述

建筑总平面图是表明需建设的房屋建筑物所在位置的平面状况的布置图。总平面图的一般内容包括：

（1）图名、比例。

（2）应用图例来表明新建区、扩建区或改建区的总体布置；表明各建筑物和构筑物的位置；表明道路、广场、室外场地和绿化等的布置情况以及各建筑物的层数等。在总平面图上一般应画上所采用的主要图例及其名称。

（3）确定新建或扩建工程的具体位置。一般根据原有房屋或道路来定位，并以"米"为单位标注出定位尺寸。当新建成片的建筑物、构筑物或较大的公共建筑及厂房时，往往用坐标来确定每一建筑物及道路转折点等的位置。对地形起伏较大的地区，还应画出地形等高线。

（4）注明新建房屋底层室内地面和室外整平地面的绝对标高。

（5）画上风向频率玫瑰图及指北针，来表示该地区的常年风向频率和建筑物、构筑物等的朝向，有时也可只画单独的指北针。

2. 建筑总平面图识读方法

（1）总平面图的形成及用途。

总平面图是整个建设区域由上向下按正投影的原理投影到水平投影面上得到的正投影图。总平面图用来表示一个工程所在位置的总体布置情况，是建筑物施工定位、土方施工以及绘制其他专业管线图的依据。

总平面图一般采用1：500、1：1000、1：2000等比例绘制。在实际工程中，总平面图经常采用1：500的比例。总平面图中的房屋、道路、绿化等内容用图例来表示。

（2）总平面图的阅读方法，具体见表1-1。

总平面图的阅读方法　　　　　　　　　　　　　　　表1-1

项　　目	内　　容
熟悉图例	阅读总平面图之前要先熟悉相应图例，熟悉图例是阅读总平面图应具备的基本知识
查看比例、风向频率玫瑰图	查看总平面图的比例和风向频率玫瑰图，确定总平面图中的方向，找出规划红线，确定总平面图所表示的整个区域中土地的使用范围
查找新建建筑物，按照图例的表示方法，找出并区分各种建筑物	根据指北针或坐标确定建筑物方向。根据总平面图中的坐标及尺寸标注查找出新建建筑物的尺寸及定位依据
了解建筑物周围环境	地形、地物情况，以确定新建建筑物所在的地形情况及周围地物情况。了解总平面图中的道路、绿化情况，以确定新建建筑物建成后的人流方向和交通情况及建成后的环境绿化情况

3. 建筑总平面图的应用

建筑总平面图的应用体现在以下几点：

（1）根据总平面图到现场进行草测。

草测的目的是为核对总图与实地之间有否矛盾。草测就是为初步探测实地情况而做的工作。一般只要用一个指南针，一根30m的皮尺，一支以3∶4∶5钉制的角尺，每边长1～1.5m，即可进行。

（2）新建房屋的定位。

看了总平面图之后，了解了房屋的方位、坐标，就可以把房屋从图纸上"搬"到地面上，这就叫做房屋的定位。根据总平面图的位置，初步粗略的确定房屋的位置的方法，见表1-2。

初步粗略的确定房屋位置的方法　　　　　　　　　　表1-2

方　　法	内　　容
仪器定位法	仪器定位就是用测量中的经纬仪和钢卷尺、小白线（或细麻线），结合起来定出房屋的初步位置。其定位步骤如下： （1）将仪器放在已给出的方格网交点上，若 $X=13800$，$Y=43900$，$X=13700$，$Y=44000$，即为方格网，$X=13800$ 线和 $Y=43900$ 线交于 A 点，如图1-1所示。假如将仪器先放在 A 点，前视 C 点，后倒镜看 A_1 点，并量取 A_1 到 A 的尺寸为5m，固定 A_1 点。5m这值是根据Ⅳ号房角已给定的坐标 $X=13805$。而 A 点的 $X=13800$，所以 $13805-13800=5$m。再由 A 点用仪器前视看 A_1 点，倒镜再看 A_2 点，并量取 4m 尺寸将 A_2 点固定； （2）将仪器移至 A_1 点，前视 A 或 C 点，后转 $90°$ 看得 P 点并量出4m，将 P 点固定，这 P 点也就是规划给定的坐标定位点； （3）将仪器移至 P 点，前视 A_2 点可延伸到 M 点，前视 A_1 点可延伸到 Q 点，并用量尺的方法将 Q、M 点固定，再将仪器移到 Q 或 M 将Ⅳ点固定后，这5栋房屋的大概位置均已定了。由于是粗略草测定位，用仪器定位只要确定几个控制点就可以了。其中每栋房屋的草测可以用"三、四、五"放线方法粗略定位

续表

方　法	内　容
"三、四、五"定位法	这个定位方法实际是利用勾股弦定律,按3∶4∶5的尺寸制作一个角尺,使转角达到90°角的目的。定位时只要用角尺、钢尺、小线三者就可以初步草测定出房屋外围尺寸、外框形状和位置。"三、四、五"定位法,是工地常用的一种简易定位法,其优点是简便、准确

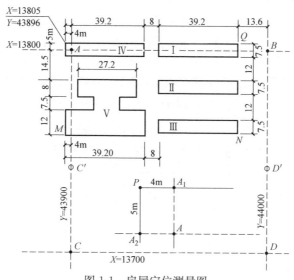

图1-1　房屋定位测量图

4. 建筑与场地的关系

（1）建筑场地的功能分析与场地分区。

1）建筑场地的功能分析。建筑场地的功能分析主要包括分析场地的使用功能特性、分析功能的组成内容、分析使用者的需求,是建筑总平面设计的基础。

2）场地分区。从内容组织的要求出发,进行功能分区和组织。从基地利用的角度出发,进行用地划分,作为不同内容布置的用地。

（2）建筑在场地中的布置。

1）单体建筑在场地中的布置。单体建筑在场地中的布置方式,见表1-3。

单体建筑在场地中的布置方式　　　　　表1-3

项　目	内　容
以建筑自身为核心,布置在场地中部	建筑安排在场地的主要位置或中央,四周留出空间布置庭院绿化、交通集散地等,形成以建筑物为核心、空间包围建筑的关系; 这是一种突出建筑,以环境作为陪衬的形式,建筑物的位置和形态的处理使它成为场地的绝对主体,与其他要素之间形成明确的主从关系; 这种布置的特点是整体秩序较简明,主体建筑突出,视觉形象好,各部分用地区域大体相当、关系均衡,且相对独立,互不干扰,有利于节约用地。缺点是建筑形象单一、缺乏层次变化,空间关系较为单调

续表

项　　目	内　　容
布置在场地边侧或一角	建筑物占地规模与总用地规模相当的情况下,将建筑物布置在场地中偏向某一侧的位置上,使剩余用地相对集中,便于安排场地内应布置的其他内容。在有的场地中建筑虽是主要功能,但其占地较小,与之配套的室外活动场地占地相对较大,为使该场地布局合理,应将建筑物安排在场地一侧或一隅

2) 建筑群体在场地中的布置。建筑群体在场地中的布置方式,见表 1-4。

建筑群体在场地中的布局方式　　　　　　　　　表 1-4

项　　目	内　　容
以空间为核心,建筑围合空间	在场地整体空间组织中,对于性质相近、功能相当的建筑,常以空间为核心、建筑围合空间的方式进行布置,即以建筑形体为界面,围合成封闭的内部空间
建筑与空间相互穿插	将建筑与其他内容分散布置,形成建筑与空间的相互穿插,即在开阔的空间中布置建筑,形成空间对建筑的包围,建筑融于环境中,建筑物与其他内容结合更为紧密、具体,场地的空间构成层次更丰富

建筑群体外部空间的组合形式呈多种多样,如对称式、自由式、庭院式、综合式等。

(3) 建筑群体组合中的艺术性。

1) 统一的手法,见表 1-5。

统一的手法　　　　　　　　　表 1-5

项　　目		内　　容
主从原则		在总平面布局中,利用某一构成要素在功能、形态、位置上的优势,作为重点加以突出,控制整个空间,形成视觉中心,而使其他部分明显地处于从属地位,达到主从分明、完整统一的目的
秩序建构	轴线	轴线在建筑布局中起到串联、控制、组织建筑和暗示、引导空间的作用,建筑或其他环境要素可沿轴线布置,也可在两侧布置。轴线是贯穿全局的纽带,轴线可是中轴线,也可是偏轴线及转折轴线和交叉轴线
	向心	群体组合中,把建筑物围绕某个中心来布置,并借建筑物的形体而形成一个向心空间,中心周围的建筑会由此呈现出一种收敛、内聚和互相吸引的关系,从而达到统一
	对位	相邻建筑单体的位置之间呈平行或垂直或一定的几何关系,可以增强建筑物彼此之间的联系,使空间成为有机整体
	重复与渐变	同一形体或要素按照一定规律重复出现,或将该要素做连续、近似变化,即相近形体有秩序地排列,能以其类似性和连续性的构图特点,形成统一的格局

2) 对比的手法。对比的手法是建筑群体空间组合的另一个重要的构图手段,常见的对比:大与小、曲与直、高与低、虚与实、疏与密、动与静、开敞与封

闭、内向与外向等。通过对比可以打破单调、沉闷和呆板的感觉，突出主体建筑空间，使群体富于变化。

5. 建筑与周围环境的关系

（1）地形与地貌。

地形条件对建筑总平面设计的影响是很重要的。设计时对自然地形应以适应和利用为主，深入分析地形、地貌的现状和特点，使建筑布置经济合理，并在充分利用地形的基础上，使场地空间更加丰富、生动，形成独特的景观。根据建筑物与地形等高线位置的相互关系，坡地建筑主要有以下两种布置方式，见表1-6。

坡地建筑布置方式　　　　　　　　　　　　　　　　　　　　表1-6

形　式	内　容
建筑物平行于等高线的布置	一般情况下，坡地建筑均采用这种方式布置。这样布置通往房屋的道路和入口容易解决，房屋建造的土方量和基础造价都较省。当房屋建造在10%左右的缓坡上时，可以采用提高勒脚的方法，使房屋的前后勒脚调整到同一标高；或采用筑台的方法，平整房屋所在的基地。当坡度在25%以上时，房屋单体的平、剖面设计应适当调整，以采用沿进深方向横向错层的布置方式比较合理，这样的布置方式节省土方和基础工程量。结合地形和道路分布，房屋的入口也可以分层设置，对楼层的上下较方便
建筑物垂直或斜交于等高线的布置	当基地坡度大于25%，房屋平行于等高线布置对朝向不利时，常采用垂直或斜交于等高线的布置方式。这种布置方式，在坡度较大时，房屋的通风、排水问题比平行于等高线布置较容易解决，但基础处理和道路布置比平行于等高线布置时复杂得多

（2）地质与水文。

建筑总平面设计时需要掌握的基地地质情况：

1）地面以下一定深度的土层特性。

2）土和岩石的种类及组合方式。

3）土层冻结深度。

4）基地所处地区的地震情况及地上、地下的不良地质现象等。

基地的水文情况包括河、湖、海、水库等各种地表水体的情况和地下水位情况。

二、施工图识读

图1-2是某小区建筑总平面图，该总平面图比例为1:500，图中公路内侧为地界线。规划总用地为18515m²。地上总建筑面积为37930m²，地下总建筑面积为2265m²。该小区有两个出入口，均在图中标出，主入口位于小区西部，标高

5.015m，次入口位于小区北侧，入口处宽度6m。另外，小区北邻沪南公路，西邻南芦公路，交通方便。

图中6栋楼为新建建筑物，都是15层，其中2号楼、3号楼、4号楼以及5号、6号楼楼局部朝北，1号楼、2号楼和3号楼局部朝西。在2号楼边有一个水景，3号楼北侧是地上停车位，在4号楼南侧有一个地下室入口。1号楼与6号楼中间有连接通道，3号楼为"L"形形状，1号楼、4号楼、5号楼及6号楼均为矩形，比较规整，2号楼位于其他楼宇的中间位置。

建筑物周围有绿地和道路。整个小区的绿化率达到32%。从图中可以看出整个区域比较平坦，室外标高为4.700m，室内地面标高为5.000m。各楼具体的定位尺寸在图中都已标出。

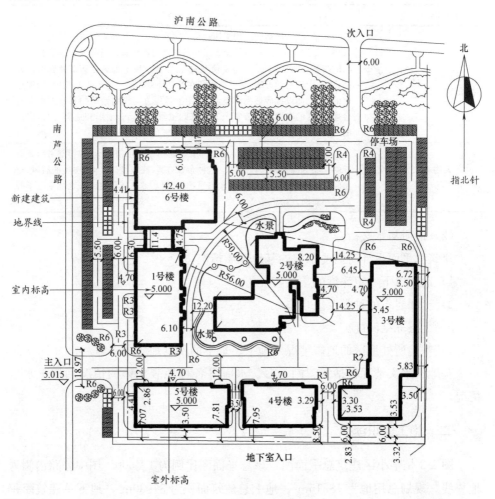

图1-2 某小区建筑总平面图

第2小时
高层住宅小区总平面图识读

 一、基础知识

1. 高层建筑划分标准

高层建筑划分标准见表2-1。

高层建筑划分标准　　　　　　　　　　　　　表2-1

项　目	内　容
第一类高层	层次为9～16层,最高可达50m。这与我国8层以上、25m以上算高层差不多
第二类高层	层次为17～25层,最高可达75m。这类高层用于住宅、旅馆、办公楼较多
第三类高层	层次为26～40层,最高可达100m左右
第四类高层	层次超过40层,高度超过100m的,被称为超高层建筑

2. 高层房屋结构类型

高层房屋的结构类型见表2-2。

高层房屋的结构类型　　　　　　　　　　　　表2-2

结构类型	内　容
框架结构	框架结构可用钢筋混凝土材料做成,也可用型钢材料做成。前者一般高度在50m左右;后者若采用密柱式外框,其内用筒体则可以建筑超高层的房屋。框架结构的特点是建筑布置较灵活,可以形成较大的空间,在公共建筑中采用较普遍。其若用一般钢筋混凝土材料建造,由于它抗水平荷载的刚度和强度较弱,抗震性能也较差些,因此一般该类结构宜建在16层以下,不宜再过高
框架剪力墙结构	框架剪力墙结构主要用钢筋混凝土材料建成。它是由框架和在一些关键部位设置抗剪力的钢筋混凝土墙体,共同组成的结构型式。它优于纯框架结构类型,承载能力较大,抗震性能也较好,建筑布局上也较方便
剪力墙结构	剪力墙结构是以墙体连接成的一种多功能、强度高的结构体系。主要用钢筋混凝土材料建造,其抗震性能好,仅适用于公寓、住宅和旅馆建筑

续表

结 构 类 型	内　　容
筒体结构	这是近20年来,为建造超高层建筑而研究出的新型结构体系。它可分为框架加内筒的结构、外筒体加内筒体形成的筒中筒结构两大类。 框筒结构是在建筑外围部分采用梁、柱结合的框架:其结构中心部位如楼梯间、电梯井及有些房间组成以墙体为主的筒形(一般为方形)结构,用梁板把外框架与内筒连接起来,形成框筒结构。 筒中筒结构体系是外围用墙体组成外筒,或用密柱(间距较小)组成密柱筒体;内部中心位置和框筒结构一样是一个高强度钢筋混凝土内筒,这样内外由梁、板连接后,整个建筑就称为筒中筒结构

3. 建筑总平面图的形成及用途

总平面图是整个建设区域由上向下按正投影的原理投影到水平投影面上得到的正投影图。总平面图用来表示一个工程所在位置的总体布置情况,是建筑物施工定位、土方施工以及绘制其他专业管线平面图的依据。

总平面图一般采用1:500、1:1000、1:2000等比例绘制。在实际工程中,总平面图经常采用1:500的比例。总平面图中的房屋、道路、绿化等内容用图例来表示。

4. 建筑总平面图的内容

总平面图的主要内容,见表2-3。

总平面图的主要内容　　　　　　　　　　　　表 2-3

项　　目	内　　容
规划红线	在总平面图中,表示由城市规划部门批准的土地使用范围的图线称为规划红线。一般采用红色的粗点画线表示。任何建筑物在设计施工时都不能超过此线
绝对标高、相对标高	在总平面图中通常采用绝对标高: (1)绝对标高:我国把青岛附近的平均海平面定为绝对标高的零点,各地以此为基准所得到的标高称为绝对标高; (2)相对标高:在建筑物设计与施工时通常以建筑物的首层室内地面的标高为零点,所得到的标高称为相对标高
建筑物	总平面图中的建筑物有四种情况:新建建筑物用粗实线表示,原有建筑物用细实线表示,计划扩建的预留地或建筑物用中粗虚线表示,拆除的建筑物用细实线表示并在细实线上画叉。在新建建筑物的右上角用点数或数字表示层数 新建建筑物的定位一般采用两种方法:一是按原有建筑物或原有道路定位;二是按坐标定位。总平面图中的坐标分为测量坐标和施工坐标: (1)测量坐标:测量坐标是国家相关部门经过实际测量得到的画在地形图上的坐标网,南北方向的轴线为 X,东两方向的轴线为 Y (2)施工坐标:施工坐标是为了便于定位,将建筑区域的某一点作为原点,沿建筑物的横墙方向为 A 向,纵墙方向为 B 向的坐标网

续表

项　　目	内　　容
建筑物周围环境	整个建设区域所在位置,周围的道路情况,区域内部的道路情况。由于比例较小,总平面图中的道路只能表示出平面位置和宽度。 整个建设区域及周围的地形情况,表示地面起伏变化,通常用等高线表示,等高线上注写出其所在的高度值。等高线的间距越大,说明地面越平缓,等高线的间距越小,说明地面越陡峭。等高线上的数值由外向内越来越大表示地形凸起,等高线上的数值由外向内越来越小表示地形凹陷。 总平面图中通常还有指北针和风向频率玫瑰图

5. 建筑设计总说明

建筑设计总说明通常放在图纸目录后面或建筑总平面图后面,一般包括设计依据、工程概况、工程做法等内容,具体见表2-4。

建筑设计总说明内容　　　　　　　　　　　　　　表 2-4

项　　目	内　　容
设计依据	施工图设计过程中采用的相关依据。主要包括建设单位提供的设计任务书,政府部门的有关批文、法律、法规,国家颁布的一些相关规范、标准等
工程概况	工程的一些基本情况。一般包括工程名称、工程地点、建筑规模、建筑层数、设计标高等一些基本内容。 建筑面积指建筑物外墙皮以内的各层面积之和。 占地面积指建筑物底层外墙皮以内的面积之和
工程做法	介绍建筑物各部位的具体做法和施工要求。一般包括屋面、楼面、地面、墙体、楼梯、门窗、装修工程、踢脚、散水等部位的构造做法及材料要求,若选自标准图集,则应注写图集代号。除了文字说明的形式,对某些说明也可采用表格的形式。 通常工程做法当中还包括建筑节能、建筑防火等方面的具体要求

6. 建筑与基地红线的关系

在规划部门下发的基地蓝图上,基地红线往往在转折处的拐点上用坐标标明位置。坐标系统是以南北方向为 X 轴,以东西方向为 Y 轴的,数值向北、东递进。建筑与基地红线的关系表现为以下5点:

(1) 建筑物应根据城市规划的要求,将其基底范围,包括基础和除去与城市管线相连接的部分以外的埋地管线,都控制在红线的范围之内。

(2) 建筑物与相邻基地之间,应在边界红线范围以内留出防火通道或空地。当要求建筑物前后都留有空地或道路,并符合相关消防规范的要求时,方能与相邻基地的建筑毗邻建造。

(3) 建筑物的高度不应影响相邻基地邻近的建筑物的最低日照要求。

(4) 建筑物的台阶、平台不得凸出于城市道路红线之外。其上部的凸出物也应在规范规定的高度以上和范围之内,方可凸出于城市道路红线之外。

（5）紧接基地红线的建筑物，不得设阳台、挑檐，不得向邻地排泄雨水或废气。

二、施工图识读

图 2-1 是某高层住宅小区西北部总平面图，该总平面图比例为 1∶500。该区有两栋高层住宅，周围景观绿化路宽 4000mm，室外标高 289.000m、289.600m，西北围墙处坐标 $X=74921.50$，$Y=59017.03$。

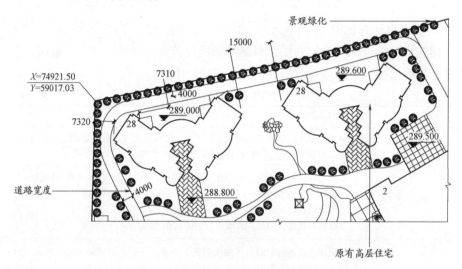

图 2-1　某高层住宅小区西北部总平面图

图 2-2 是某高层住宅小区西南部总平面图，该总平面图比例为 1∶500。该区

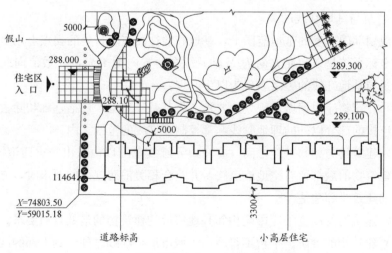

图 2-2　某高层住宅小区西南部总平面图

有四栋小高层住宅，为新建建筑物，朝北方向坐落，室外标高 289.100m，西南围墙处坐标 $X=74803.50$，$Y=59015.18$。周围有绿地和道路、假山堆砌，道路宽为 5000mm。在西部有一住宅小区入口，标高 288.000m。

图 2-3 是某高层住宅小区东南部总平面图，该总平面图比例为 1：500。该区南部有一办公区入口，宽度为 33250mm。还有地上停车场入口和一会所，会所位于小区中部，标高为 291.800m。周围景观绿化。东南围墙处坐标为 $X=74803.50$，$Y=59235.98$。

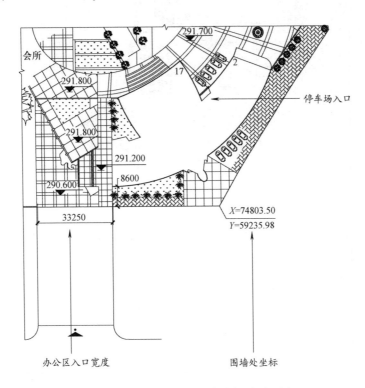

图 2-3　某高层住宅小区东南部总平面图

图 2-4 是某高层住宅小区东北部总平面图，该总平面图比例为 1：500。该区有一枢纽楼、油机房，周围景观绿化，东部围墙外边是高速公路指挥部。东北部围墙处坐标 $X=74980.52$，$Y=59245.82$。东部中间位置坐标 $X=74895.25$，$Y=59262.00$，枢纽楼旁边道路宽 5000mm。

整个高层住宅小区规划总用地为 36000m²，总建筑面积为 121393m²，会所建筑面积为 3800m²。整个小区的绿化率达到 38%。从图中可以看出整个区域比较平坦。

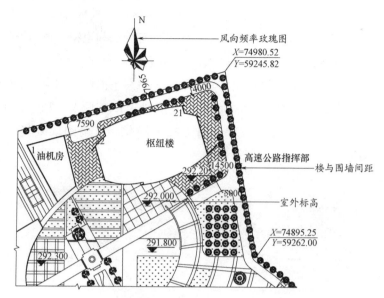

图 2-4　某高层住宅小区东北部总平面图

第3小时

办公楼建筑平面图识读

 一、基础知识

1. 建筑平面图概述

建筑平面图概述,具体见表3-1。

建筑平面图概述　　　　　　　　　　表3-1

项　　目	内　　容
平面图的形成	建筑平面图是假想用一个水平剖切平面,在建筑物门窗洞口处将房屋剖切开,移去剖切平面以上的部分,将剩余部分用正投影法向水平投影面作正投影所得到的投影图。沿底层门窗洞口剖切得到的平面图称为底层平面图,又称为首层平面图或一层平面图。沿二层门窗洞口剖切得到的平面图称为二层平面图。若房屋的中间层相同则用同一个平面图表示,称为标准层平面图。沿最高一层门窗洞口将房屋切得到的平面图称为顶层平面图。将房屋的屋顶直接作水平投影得到的平面图称为屋顶平面图。有的建筑物还有地下室平面图和设备层平面图等
平面图的用途	建筑平面图能够表达建筑物各层水平方向上的平面形状,房间的布置情况,墙、柱、门窗等构配件的位置、尺寸、材料、做法等内容。建筑平面图是建筑施工图的主要施工图之一,是施工过程中放线、砌墙、安装门窗、编制概(预)算及施工备料的主要依据

2. 建筑平面图的内容

建筑平面图经常采用1∶50、1∶100、1∶200 的比例绘制,其中1∶100 的比例最为常用。平面图的主要内容见表3-2。

建筑平面图表达的内容　　　　　　　　表3-2

项　　目	内　　容
建筑物朝向	建筑物朝向是指建筑物主要出入口的朝向,主要入口朝哪个方向就称建筑物朝哪个方向,建筑物的朝向由指北针来确定,指北针一般只画在底层平面图中

续表

项 目	内 容
墙体、柱	在平面图中,墙、柱是被剖切到的部分。墙、柱在平面图中用定位轴线来确定其平面位置,在各层平面图中定位轴线是对应的。在平面图中剖切到的墙体通常不画材料图例,柱子用涂黑来表示。平面图中还应表示出墙体的厚度(墙体的厚度指的是墙体未包含装修层的厚度)、柱子的截面尺寸及与轴线的关系
建筑物的平面布置情况	建筑物内各房间的用途,各房间的平面位置及具体尺寸。横向定位轴线之间的距离称为房间的开间,纵向定位轴线之间的距离称为房间的进深
门窗	在平面图中门窗用图例表示。为了表示清楚,通常对门窗进行编号。门用代号"M"表示,窗用代号"C"表示,编号相同的门窗,做法、尺寸都相同。在平面图中门窗只能表示出宽度,高度尺寸要到剖切图、立面图或门窗表中查找
楼梯	由于平面图比例较小,楼梯只能表示出上下方向及级数,详细的尺寸做法在楼梯详图中表示。在平面图中能够表示楼梯间的平面位置、开间、进深等尺寸
标高	在底层平面图中通常表示出室内地面和室外地面的相对标高。在标准层平面图中,不在同一个高度上的房间都要标出其相对标高
附属设施	在平面图中还有散水、台阶、雨篷、雨水管等一些附属设施。这些附属设施在平面图中按照所在位置有的只出现在某层平面图中。附属设施在平面图中只表示平面位置及一些平面尺寸,具体做法则要结合建筑设计说明查找相应详图或图集
尺寸标注	平面图中标注的尺寸分内部尺寸和外部尺寸两种。内部尺寸一般标注一道,表示墙厚、墙与轴线的关系、房间的净长、净宽以及内墙上门窗大小及与轴线的关系。外部尺寸一般标注三道。最里边一道尺寸标注门窗洞口尺寸及与轴线关系,中间一道尺寸标注轴线间的尺寸,最外边一道尺寸标注房屋的总尺寸

在平面图中还包含有索引符号、剖切符号等相应符号。

3. 屋顶平面图识图内容

(1) 屋顶平面图主要表示的内容。

1) 屋面的排水情况,一般包括排水分区、屋脊、屋面坡度、天沟、雨水口等内容。

2) 凸出屋面部分的位置,挑出的屋檐尺寸、女儿墙、楼梯间、电梯机房、水箱、通风道、上人孔等。

3) 屋顶构造复杂的还要加注详图索引标志,画出详图。

(2) 屋顶平面图的作用。

屋顶平面图是屋面的水平正投影图,它表示屋面从上向下作投影所能表现出的一切内容。

不管是平屋顶还是坡屋顶,主要应表示出屋面排水情况和凸出屋面的全部构造位置。

(3) 屋顶平面图的读图注意事项。

内容包括分水线、排水方向和凸出屋顶的通风孔、屋顶出入孔位置和檐部雨水管具体位置。

屋顶平面图虽然比较简单，亦应与外墙详图和索引屋面细部构造详图对照才能读懂，尤其是有外楼梯、人孔、烟道、通风道、檐口等部位和做法以及屋面材料防水做法。

4. 建筑平面图识读方法

（1）建筑平面图图线要求。

建筑平面图上被剖切到的主要轮廓线用粗实线画出；在 1：50 或比例更大的平面图中则用细实线画出。没有剖切到的可见轮廓线用中粗线画出；尺寸线、标高符号、定位轴线的圆圈、轴线等用细实线和细点画线画出；表示剖切位置的剖切线则用粗实线表示。

底层平面图中，可以只在墙角或外墙的局部，分段地画出明沟或散水的平面位置。

（2）图例。

由于平面图一般是采用 1：100、1：200 和 1：50 的比例来绘制的。其中用两条平行细实线表示窗框及窗扇，用 45°倾斜的中粗实线表示门及其开启方向。

在平面图中，凡是被剖切到的断面部分应画出材料图例，但在 1：200 和 1：100 的小比例的平面图中，剖到的砖墙一般不画材料图例，在 1：50 的平面图中的砖墙往往也可不画图例，但在大于 1：50 时，应该画上材料图例。一般当小于 1：50 的比例或断面较窄，不易画出图例线时，剖到的钢筋混凝土构件的断面可涂黑。

（3）尺寸注法。

在建筑平面图中，所有外墙一般应标注三道尺寸。最内侧的第一道尺寸是外墙的门、窗洞的宽度和洞间墙的尺寸；中间第二道尺寸是轴线间距的尺寸；最外侧的第三道尺寸是房屋两端外墙面之间的总尺寸。

平面图中还应注明楼地面、台阶顶面、阳台顶面、楼梯休息平台面以及室外地面等的标高。

在平面图中凡需绘制详图的部位，应画上详图索引符号。

二、施工图识读

图 3-1 是某办公楼一层①～⑤轴（a）部分平面图，以 1：100 的比例绘制。该区域为主食加工。主食加工设有排水沟，排水沟排水坡度为 1%，具体做法见相关图集。该区域还设有 3 个操作台。主食加工区域开间为 7200mm，进深

为 6000mm。

从图中可知房屋的轴线以外墙和内墙墙中定位，剖切到的墙体用粗实线绘制，外墙厚 370mm，内墙厚 200mm。剖切到的柱子涂黑表示，外边与墙齐平。外墙外边设散水，宽度 1m。窗 C-3 洞口尺寸为 1800mm。门 M-5 洞口尺寸 1000mm。

建筑平面图上标注的尺寸为未经装饰的结构表面尺寸。平面图外侧标注三道尺寸线，由外向内分别为建筑物外包总尺寸、轴线间尺寸、门窗洞口尺寸。建筑物外包尺寸表示建筑物外墙轮廓的尺寸，从一端外墙到另一端外墙边的总长和总宽；轴线间尺寸表示主要承重墙体及柱的间距。门窗洞口尺寸应详细标注外墙门窗洞口等各细部位置的大小及定位尺寸。

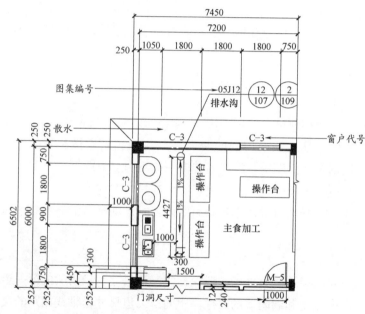

图 3-1　某办公楼一层①～⑤轴平面图（a）

图 3-2 是该办公楼一层①～⑤轴（b）部分平面图，以 1：100 的比例绘制。该区域为副食加工，副食加工区域设有排水沟，排水沟排水坡度为 1％，宽为 300mm，具体做法见相关图集。该区域设有两个操作台，另设有一个冷荤加工区。副食加工区域开间为 7200mm，进深为 6000mm。

从图中可知房屋的轴线以外墙和内墙墙中定位，剖切到的墙体用粗实线绘制，外墙厚 370mm，内墙厚 200mm。剖切到的柱子涂黑表示，外边与墙齐平。外墙外边设散水，宽度 1m。窗 C-3 洞口尺寸为 1800mm。

建筑平面图上标注的尺寸为未经装饰的结构表面尺寸。平面图外侧标注三道尺寸线，由外向内分别为建筑物外包总尺寸，轴线间尺寸、门窗洞口尺寸。建筑物外包尺寸表示建筑物外墙轮廓的尺寸，从一端外墙到另一端外墙边的总长和总宽；轴线间尺寸表示主要承重墙体及柱的间距。门窗洞口尺寸应详细标注外墙门窗洞口等各细部位置的大小及定位尺寸。

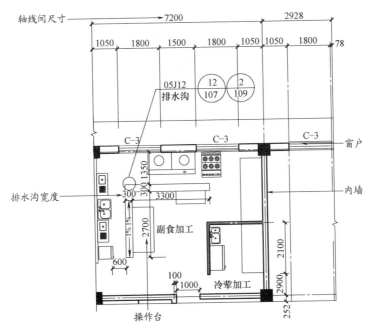

图 3-2 某办公楼一层①～⑤轴平面图（b）

图 3-3 是该办公楼一层①～⑤轴（c）部分平面图，以 1∶100 的比例绘制。该区域主要是 1 号楼梯部分。相邻横向定位轴线之间的尺寸称为开间，相邻纵向定位轴线之间的尺寸称为进深。1 号楼梯位于④～⑤轴、Ⓒ～Ⓓ轴之间，开间为7200mm，进深为 6000mm。窗 C-3 洞口尺寸 1800mm，门 FM-2 洞口尺寸 1500mm。

从图中可知房屋的轴线以外墙和内墙墙中定位，剖切到的墙体用粗实线绘制，外墙厚 370mm，内墙厚 200mm。剖切到的柱子涂黑表示，外边与墙齐平。外墙外边设散水，宽度 1m。室外台阶踏步宽 300mm。

建筑平面图上标注的尺寸为未经装饰的结构表面尺寸。平面图外侧标注三道尺寸线，由外向内分别为建筑物外包总尺寸，轴线间尺寸、门窗洞口尺寸。建筑物外包尺寸表示建筑物外墙轮廓的尺寸，从一端外墙到另一端外墙边的总长和总宽；轴线间尺寸表示主要承重墙体及柱的间距。门窗洞口尺寸应详细标注外墙门窗洞口等各细部位置的大小及定位尺寸。

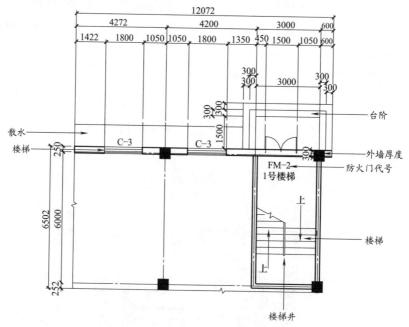

图 3-3 某办公楼一层①～⑤轴平面图（c）

图 3-4 是该办公楼一层①～⑤轴（d）部分平面图，以 1∶100 的比例绘制。该区域办公楼分更衣间、副食库、主食库、洗涤消毒间、备餐间、大厅、卫生间、2 号楼梯等。2 号楼梯位于①～②轴、Ⓑ～Ⓒ轴之间，开间为 7200mm，进深为 3300mm。大厅两边设有休息区。大厅处的标高是±0.000，一层共设有三处台阶，大厅处台阶标高是−0.015m，室外地坪标高是−0.045m。

从图中可知房屋的轴线以外墙和内墙墙中定位，横向轴线从①～⑤，纵向轴线从Ⓐ～Ⓓ。剖切到的墙体用粗实线绘制，外墙厚 370mm，内墙厚 200mm。剖切到的柱子涂黑表示，外边与墙齐平。外墙外边设散水，宽度 1m，台阶设挡墙，挡墙做法见相关图集。

建筑平面图上标注的尺寸为未经装饰的结构表面尺寸。平面图外侧标注三道尺寸线，由外向内分别为建筑物外包总尺寸、轴线间尺寸、门窗洞口尺寸。建筑物外包尺寸表示建筑物外墙轮廓的尺寸，从一端外墙到另一端外墙边的总长和总宽；轴线间尺寸表示主要承重墙体及柱的间距。图中主食库开间为 3000mm，进深为 6600mm。门窗洞口尺寸应详细标注外墙门窗洞口等各细部位置的大小及定位尺寸。

图 3-5 是该办公楼二层①～⑤轴（a）部分平面图，比例为 1∶100。该区域是宿舍，宿舍格局一样，开间为 3600mm，进深为 6000mm。

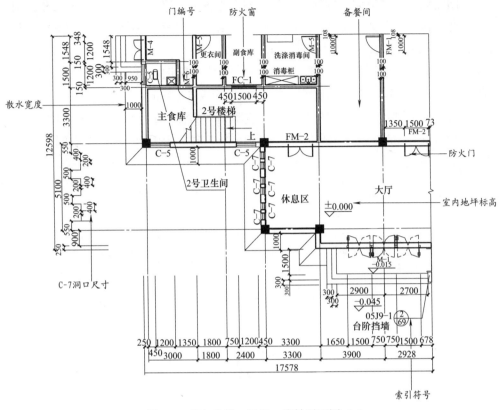

图 3-4 某办公楼一层①~⑤轴平面图（d）

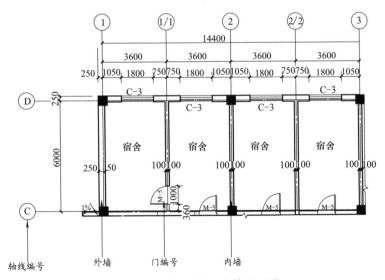

图 3-5 某办公楼二层①~⑤轴平面图（a）

门窗洞口尺寸应详细标注外墙门窗洞口等各细部位置的大小及定位尺寸。例如，北向窗 C-3 洞宽为 1800mm，②轴左右窗间墙垛宽度为 750mm。门 M-5 洞宽为 1000mm，左右间墙垛宽度为 1150mm。

图 3-6 是该办公楼二层①～⑤轴（b）部分平面图，该区域是宿舍和楼梯，同（a）部分一样，宿舍开间为 3600mm，进深为 6000mm。

门窗洞口尺寸，应详细标注外墙门窗洞口等各细部位置的大小及定位尺寸。例如北向窗 C-3 洞宽为 1800mm；南向的门 M-5 洞宽为 1000mm，左右间墙垛宽度为 1150mm。

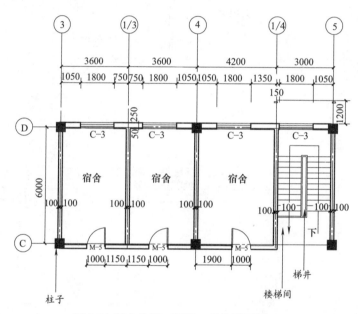

图 3-6　某办公楼二层①～⑤轴平面图（b）

图 3-7 是该办公楼二层①～⑤轴（c）部分平面图，该区域是过道、活动室和楼梯。中间过道总长度为 46700mm，宽度为 2400mm。活动室开间为 7200mm，进深为 8400mm。二层过道处标高为 4.200m，雨篷处标高为 3.300m，坡度为 2%。

门窗洞口尺寸，应详细标注外墙门窗洞口等各细部位置的大小及定位尺寸。①～②轴线间南向窗 C-5 洞宽为 1200mm；②轴左右窗间墙垛宽度为 750mm。南向窗 C-6 洞宽 600mm；①～②轴南向的门 FM-2 洞宽为 1500mm，门 M-6 洞宽 800mm。

图 3-8 为某办公楼屋顶①～⑤轴平面图（a），以 1：100 比例绘制，它主要反映屋面的排水情况，包括排水分区、排水方向、坡度雨水口位置、尺寸等内

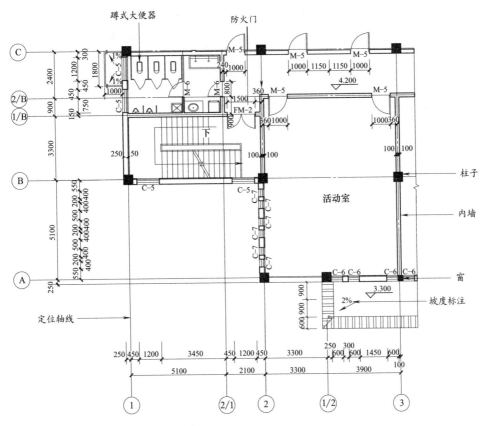

图 3-7 某办公楼二层①～⑤轴平面图（c）

容。本图所示为有组织的二坡挑檐排水方式，中间有分水线，水从屋面向檐沟汇集，檐沟排水坡度为 2％，屋面处结构标高为 7.800m。图中所示屋面设有 4 根雨水管。

屋面上人孔位于⑧～⑥轴之间，具体参见相关图集。上天窗、通风道、变形缝等的位置，以及采用标准图集的代号，在各楼层平面表示。

图 3-9 为某办公楼屋顶①～⑤轴平面图（b），以 1∶100 比例绘制，它主要反映屋面的排水情况，包括排水分区、排水方向、坡度雨水口位置、尺寸等内容。本图所示为有组织的二坡挑檐排水方式，中间有分水线，水从屋面向檐沟汇集，檐沟排水坡度为 2％。④～⑤轴屋面处结构标高为 11.400m，雨水管设在⑧轴线墙上④、⑤轴线处。

上天窗、通风道、变形缝等的位置，以及采用标准图集的代号，在各楼层平面表示。

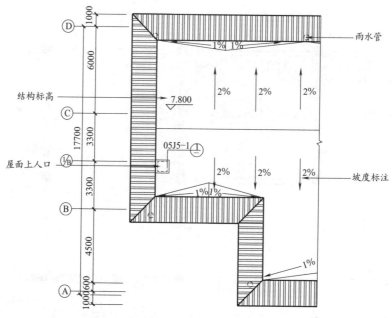

图 3-8　某办公楼屋顶①～⑤轴平面图（a）

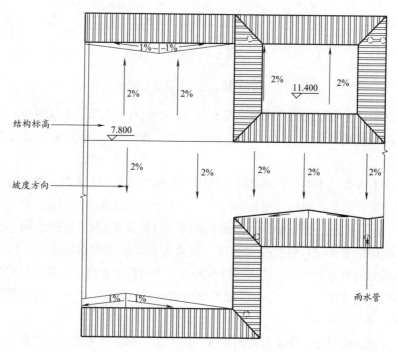

图 3-9　某办公楼屋顶①～⑤轴平面图（b）

第4小时

写字楼标准层平面图识读

一、基础知识

1. 标准层平面图的内容

标准层平面图与底层平面图的不同，主要体现在以下几方面，见表4-1。

标准层与底层平面图的不同 表4-1

项　目	内　容
房间布置	标准层平面图的房间布置情况与底层平面图可能不同
墙体厚度、柱子断面尺寸	由于建筑物使用功能不同或结构受力不同,标准层平面图中墙体厚度、柱子断面尺寸与底层平面图可能不同
门窗	标准层平面图的门窗布置情况、平面尺寸与底层平面图可能不同
建筑材料	建筑材料要求的不同一般反映在建筑设计说明中
楼梯图例	标准层平面图的楼梯图例与底层平面图不同

2. 平面图包含内容

（1）比例。实际工程中常用比例1：100绘制图纸，在平面图中，凡是被剖切到的断面部分画出图例，但在1：100和1：200小比例的平面图中，砖墙一般不画图例，在1：50的平面图中中小砖墙也不画图例，但在大于1：50时，应画出材料图例。剖到的钢筋混凝土结构件的断面在小于1：50的比例时可涂黑表示。

（2）定位轴线。房屋中承受重量的墙或柱其数量类型都很多，为确保施工定位，在建筑平面图中采用轴线网格划分平面。这就是定位轴线。

（3）图例及代号、编号。由于平面图的比例较小，实际作图中常用1：100的比例绘制，所以门窗难以详尽表示，便用图例来表示。

（4）尺寸标注。

建筑平面图中标注的尺寸有外部尺寸和内部尺寸。

1）外部尺寸：在水平方向和数值方向各标三道：

最外一道尺寸标注房屋水平方向的总长、总宽，称为总尺寸。

中间一道尺寸标注房间的开间、进深，称为轴线尺寸。

里边一道以轴线定位的标注房屋墙的墙段及门窗洞口尺寸，称为细部尺寸。

2）内部尺寸：应标注各房间长、宽方向的净空尺寸，墙厚及轴线的关系，柱子截面，房屋内部门窗洞口、门垛等细部尺寸。

（5）标高标注。平面图中应标注不同楼层地面高度，底层应标注室外地坪等标高。

（6）剖切符号、指北针、房间名称及其他符号。

剖切符号、指北针应在底层标注；平面图应注写房间名称或编号，必要时还有表示详图的符号。为了表示房屋竖向内部情况，需要绘制建筑剖面图，其剖切位置应在平面图中表示出来。

（7）索引符号。

3．平面图识读方法

（1）平面图的阅读。

阅读平面图时一般应按照如下步骤进行。

1）查阅建筑物朝向、形状。根据指北针确定房屋朝向。

2）查阅建筑物墙体厚度、柱子截面尺寸及墙、柱的平面布置情况。各房间的用途及平面位置，房间的开间、进深尺寸等。

3）查阅建筑物门窗的位置、尺寸。检查门窗表中的门窗代号、尺寸、数量与平面图是否一致。

4）查阅建筑物各部位标高。

5）查阅建筑物附属设施的平面位置。

（2）尺寸注法。

在建筑平面图中，所有外墙一般应标注三道尺寸。最内侧的第一道尺寸是外墙的门、窗洞的宽度和洞间墙的尺寸；中间第二道尺寸是轴线间距的尺寸；最外侧的第三道尺寸是房屋两端外墙面之间的总尺寸。

平面图中还应注明楼地面、台阶顶面、阳台顶面、楼梯休息平台面以及室外地面等的标高。在平面图中凡需绘制详图的部位，应画上详图索引符号。

由于平面图比例较小，楼梯只能表示出上下方向及级数，详细的尺寸做法在楼梯详图中表示。在平面图中能够表示楼梯间的平面位置、开间、进深等尺寸。

4．平面图的图线要求

建筑平面图中被剖切到的主要轮廓线，用粗实线表示；次要轮廓线，用中实线表示；图例线、引出线、标高符号、尺寸线、定位轴线的圆圈、轴线等用细实线表示。

表示剖切位置的剖切线则用粗实线表示。

二、施工图识读

图 4-1 是某写字楼①～⑧轴标准层平面图，该图是以 1：100 的比例绘制。该部分写字楼共有 5 个办公室，1 个会议室，一个楼梯间。办公室分两种户型，第一种户型就是北向方向的①～⑧轴之间，开间是 7800mm，进深是 5700mm；第二种户型是南向①～③轴之间，开间是 4500mm，进深是 5700mm；中间走廊长度是 23400mm，宽度是 1500mm。楼梯处开间是 3300mm，进深是 5700mm。

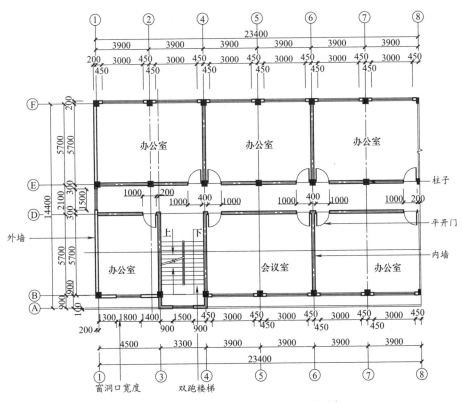

图 4-1 某写字楼①～⑧轴标准层平面图

房屋的轴线以外墙和内墙墙中定位，横向轴线从①～⑧，纵向轴线从Ⓐ～Ⓕ。剖切到的墙体用粗实线绘制，内墙外墙都是 200mm 厚。柱子涂黑。

建筑平面图上标注的尺寸为未经装饰的结构表面尺寸。平面图外侧标注三道尺寸线，由外向内分别为建筑物外包总尺寸、轴线间尺寸、门窗洞口尺寸。建筑物外包尺寸表示建筑物外墙轮廓的尺寸，从一端外墙到另一端外墙边的总长和总宽，图中建筑总长是23400mm，总宽14400mm；轴线间尺寸表示主要承重墙体及柱的间距，相邻横向定位轴线之间的尺寸称为开间，相邻纵向定位轴线之间的尺寸称为进深。

门窗洞口尺寸应详细标注外墙门窗洞口等各细部位置的大小及定位尺寸。图中④～⑧轴门对称布置，洞宽均为1000mm；北向窗洞宽为3000mm，②轴左右窗间墙垛宽度为450mm；南向窗④～⑧轴间窗洞宽3000mm，①～③轴间窗洞宽为1800mm。楼梯间处的窗洞宽为1500mm。

图4-2是某写字楼⑧～⑮轴标准层平面图，该图是以1：100的比例绘制。该写字楼共5个办公室，1个会议室，男、女卫生间和一个楼梯间。办公室为两种户型，一种户型是北向⑫～⑮轴之间，开间是3900mm，进深是5700mm；另一种户型是开间7800mm，进深5700mm。中间走廊长度是23400mm，宽度是1500mm。男卫生间开间是4500mm，进深是3000mm；女卫生间开间是4500mm，进深是2700mm。楼梯处开间是3300mm，深是5700mm。

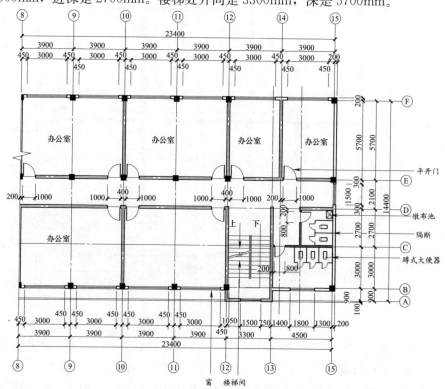

图4-2 某写字楼⑧～⑮轴标准层平面图

房屋的轴线以外墙和内墙墙中定位，横向轴线从⑧~⑮，纵向轴线从Ⓐ~Ⓕ。剖切到的墙体用粗实线绘制，内墙外墙均200mm厚。柱子涂黑。

建筑平面图上标注的尺寸为未经装饰的结构表面尺寸。平面图外侧标注三道尺寸线，由外向内分别为建筑物外包总尺寸、轴线间尺寸、门窗洞口尺寸。建筑物外包尺寸表示建筑物外墙轮廓的尺寸，从一端外墙到另一端外墙边的总长和总宽，图中建筑总长是23400mm，总宽14400mm；轴线间尺寸表示主要承重墙体及柱的间距，相邻横向定位轴线之间的尺寸称为开间，相邻纵向定位轴线之间的尺寸称为进深。

门窗洞口尺寸应详细标注外墙门窗洞口等各细部位置的大小及定位尺寸。图中⑧~⑫轴门对称布置，洞宽均为1000mm；其余门虽然未对称布置，洞宽仍为1000mm；卫生间处的门洞宽为800mm。北向窗洞宽为3000mm，南向窗⑧~⑫轴之间窗洞宽3000mm，⑬~⑮轴间窗洞宽为1800mm。楼梯间处的窗洞宽为1500mm。

第5小时

办公楼建筑立面图识读

一、基础知识

1. 建筑立面图概述

建筑立面图，是平行于建筑物各方向外墙面的正投影图，简称立面图。用来表示建筑物的体型和外貌，并表明外墙面装饰材料与装饰要求等的图样。

房屋有多个立面，通常把房屋的主要出入口或反映房屋外貌主要特征的立面图称为正立面图，从而确定背立面图和左、右侧立面图。有时也可按房屋的朝向来定立面图的名称。

2. 建筑立面图形成

以平行于房屋外墙面的投影面，用正投影的原理绘制出的房屋投影图，称为立面图。

（1）有定位轴线的建筑物，宜根据两端定位轴线号编注立面图名称。

（2）无定位轴线的建筑物，可按平面图各面的朝向确定名称。

3. 建筑立面图识读方法

识读立面图时要结合平面图，建立整个建筑物的立体形状。对一些细部构造要通过立面图与平面图结合确定其空间形状与位置。识读立面图时一般按照如下步骤进行：

（1）了解图名及比例。

（2）了解立面图与平面图的对应关系。

（3）了解建筑物竖向的外部形状。

（4）查阅建筑物各部位的标高及尺寸标注，再结合平面图确定建筑物门窗、雨篷、阳台、台阶等部位的空间形状与具体位置。

（5）查阅外墙面的装修做法。

4. 建筑立面图的作用

建筑立面图主要反映房屋的体型和外貌、门窗的形式和位置、墙面的材料和装修做法等，是施工的重要依据。

5. 建筑立面图表示方法

（1）定位轴线。

（2）图线。

（3）比例与图例。

（4）立面图上外墙面的装修做法一般用文字加以说明。

（5）详图索引符号的要求同平面图。

（6）尺寸标注。

6. 建筑立面图图示内容

（1）图名、图例。

（2）立面图两端的定位轴线及编号。

（3）门窗的形状、位置及开启方向符号。

（4）屋顶外形。

（5）各外墙面、台阶、花坛、雨篷、窗台、雨水管、水斗、外墙装饰及各种线脚等的位置、形状、用料和做法。

（6）标高及必要尺寸标注。

（7）详图索引符号。

7. 立面图图示要求

（1）定位轴线：只画出两端的定位轴线及其编号，以便与平面图对照参照。

（2）图线要求：最外轮廓线用粗实线；室外地面线用加粗实线；门窗洞、台阶用中粗线；其他用细实线。

（3）图例。

（4）尺寸标注。主要以标高形式标注。室内外地面、门窗洞口的上下口、女儿墙压顶面、水箱顶面、进口平台面及雨篷和阳台底面等处。

（5）详图索引符号。

二、施工图识读

图5-1是某办公楼的部分南立面图（a），用1：100的比例绘制。南立面图是建筑物的主要立面，它反映该建筑的外貌特征及装饰风格，可以看出该建筑物为2层，屋顶采用坡屋面。

该南立面图上采用以下多种线型：用粗实线绘制的外轮廓线显示了南立面的

总长；用加粗线画出室外地坪线；用中实线画出窗洞的形状与分布；用细实线画出门窗分格线以及用料注释引出线等。

南立面图分别标注室内地坪标高±0.000，室外地坪标高−0.450m，窗洞顶标高2.400m、6.900m，雨篷底标高3.000m、顶标高3.600m、屋面处标高9.200m。从所标注的标高可知，此房屋室外地坪比室内±0.000低450mm。

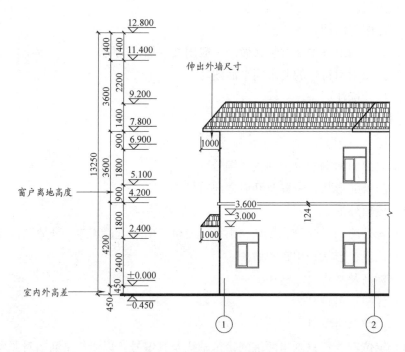

图5-1　某办公楼南立面图（a）

图5-2是某办公楼的部分南立面图（b），用1∶100的比例绘制。南立面图是建筑物的主要立面，它反映该建筑的外貌特征及装饰风格，从图中可以看出建筑物该部分为3层，屋顶采用坡屋面。南面有1个楼门，门前有一台阶，台阶踏步为三级，外墙装饰的主格调采用白色防水涂料。

该南立面图上采用以下多种线型：用粗实线绘制的外轮廓线显示了南立面的总长；用加粗线画出室外地坪线；用中实线画出窗洞的形状与分布；用细实线画出门窗分格线以及用料注释引出线等。

南立面图标注门厅上方雨篷顶标高4.400m，底标高3.300m，门顶标高2.700m。在门厅台阶侧面设有扶手栏杆。

图5-3是某办公楼的部分南立面图（c），用1∶100的比例绘制。南立面图是建筑物的主要立面，它反映该建筑的外貌特征及装饰风格，从图中可以看出建

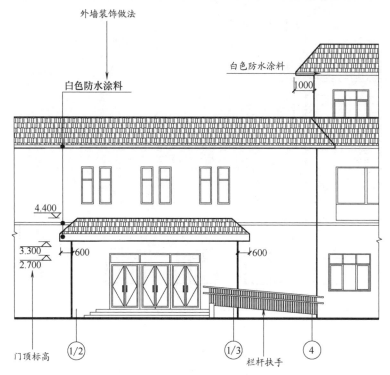

图 5-2　某办公楼南立面图（b）

筑物该部分为 3 层，屋顶采用坡屋面，外墙装饰的主格调采用白色面砖。

该南立面图上采用以下多种线型：用粗实线绘制的外轮廓线显示了南立面的总长；用加粗线画出室外地坪线；用中实线画出窗洞的形状与分布；用细实线画出门窗分格线以及用料注释引出线等。

图 5-4 是某办公楼的部分南立面图（d），用 1∶100 的比例绘制。南立面图是建筑物的主要立面，它反映该建筑的外貌特征及装饰风格，可以看出建筑物为 2 层，南面有 3 个楼门，门前有一台阶，台阶踏步为三级，台阶侧面设有栏杆扶手。屋顶采用坡屋面。外墙装饰的主格调采用米黄色高级外墙涂料、白色面砖以及白色防水涂料。

该南立面图上采用以下多种线型：用粗实线绘制的外轮廓线显示了南立面的总长；用加粗线画出室外地坪线；用中实线画出窗洞的形状与分布；用细实线画出门窗分格线以及用料注释引出线等。

南立面图分别标注室内地坪标高±0.000，室外地坪标高-0.450m，窗台高900mm，屋面处标高 9.200m。女儿墙顶面处为 9.200m，所以房屋的外墙总高度为9.200m。从所标注的标高可知，此房屋室外地坪比室内±0.000 低 450mm。

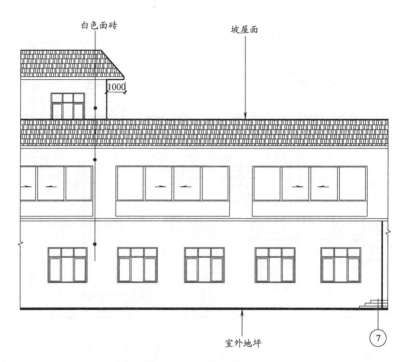

图 5-3 某办公楼南立面图（c）

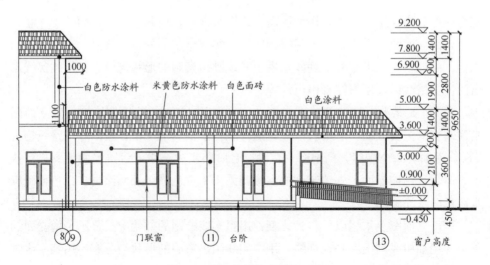

图 5-4 某办公楼南立面图（d）

　　图 5-5 是某办公楼的部分北立面图（a），用 1：100 的比例绘制。从图中可以看出该部分建筑物为 1 层，屋顶采用坡屋面。北立面图分别标注室内地坪标高 ±0.000，室外地坪标高 −0.450m，窗台高 900mm，屋面处标高 5.000m。从所

标注的标高可知，此房屋室外地坪比室内±0.000 低 450mm。

该北立面图上采用以下多种线型：用粗实线绘制的外轮廓线显示了北立面的总长；用加粗线画出室外地坪线；用中实线画出窗洞的形状与分布；用细实线画出门窗分格线以及用料注释引出线等。

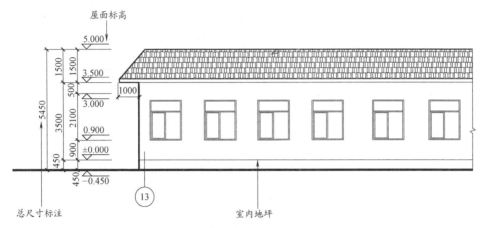

图 5-5 某办公楼北立面图 (a)

图 5-6 是某办公楼的部分北立面图 (b)，用 1∶100 的比例绘制。从图中可以看出该部分建筑物为 3 层，屋顶采用坡屋面。外墙装饰的主格调采用白色防水涂料。

该北立面图上采用以下多种线型：用粗实线绘制的外轮廓线显示了北立面的总长；用加粗线画出室外地坪线；用中实线画出窗洞的形状与分布；用细实线画出门窗分格线以及用料注释引出线等。

图 5-7 是某办公楼的部分北立面图 (c)，用 1∶100 的比例绘制。从图中可以看出该部分建筑物为 1 层，北面有 1 个楼门，门前有一台阶，台阶踏步为三级，屋顶采用坡屋面。外墙装饰的主格调采用白色面砖及白色防水涂料。

该北立面图上采用以下多种线型：用粗实线绘制的外轮廓线显示了北立面的总长；用加粗线画出室外地坪线；用中实线画出窗洞的形状与分布；用细实线画出门窗分格线以及用料注释引出线等。

图中标注出雨篷顶标高 3.600m，底标高 3.000m，门顶标高 2.700m。

图 5-8 是某办公楼的部分北立面图 (d)，用 1∶100 的比例绘制。从图中可以看出该部分建筑物为 2 层，屋顶采用坡屋面。

该北立面图上采用以下多种线型：用粗实线绘制的外轮廓线显示了北立面的总长；用加粗线画出室外地坪线；用中实线画出窗洞的形状与分布；用细实线画出门窗分格线以及用料注释引出线等。

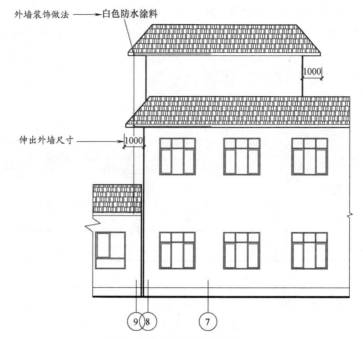

图 5-6　某办公楼北立面图（b）

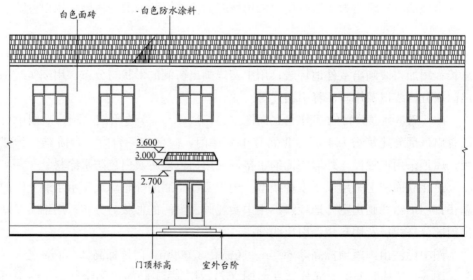

图 5-7　某办公楼北立面图（c）

　　图中标注出雨篷顶标高 3.600m，底标高 3.000m，屋面标高 9.200m，屋面伸出外墙面 1000mm。

　　图 5-9 是某办公楼的部分西立面图（a），用 1∶100 的比例绘制。可以看出该

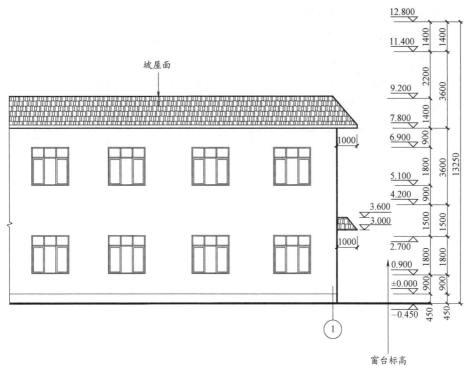

图 5-8 某办公楼北立面图（d）

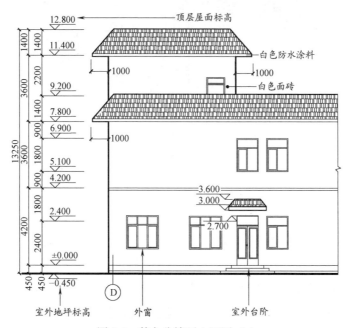

图 5-9 某办公楼西立面图（a）

部分建筑物为2层，西面有1个楼门，门前有一台阶，台阶踏步为三级，屋顶采用坡屋面。外墙装饰的主格调采用白色面砖以及白色防水涂料。

该西立面图上采用以下多种线型：用粗实线绘制的外轮廓线显示了西立面的总长；用加粗线画出室外地坪线；用中实线画出窗洞的形状与分布；用细实线画出门窗分格线以及用料注释引出线等。

西立面图分别标注室内地坪标高±0.000，室外地坪标高－0.450m，窗洞顶标高2.400m、6.900m，雨篷底标高3.000m、顶标高3.600m，屋面处标高9.200m、12.800m。从所标注的标高可知，此房屋室外地坪比室内±0.000低450mm，屋面伸出外墙1000mm。

图5-10是某办公楼的部分西立面图（b），用1∶100的比例绘制。可以看出该部分建筑物为2层，屋顶采用坡屋面。外墙装饰的主格调采用白色面砖以及白色防水涂料。

该西立面图上采用以下多种线型：用粗实线绘制的外轮廓线显示了西立面的总长；用加粗线画出室外地坪线；用中实线画出窗洞的形状与分布；用细实线画出门窗分格线以及用料注释引出线等。

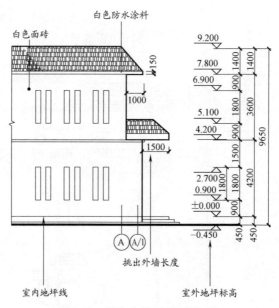

图5-10 某办公楼西立面图（b）

西立面图标注室内地坪标高±0.000，室外地坪标高－0.450m，屋面处标高9.200m、12.800m，从所标注的标高可知，此房屋室外地坪比室内±0.000低450mm，屋面伸出外墙1000mm、1500mm。

图 5-11 是某办公楼的部分东立面图（a），用 1∶100 的比例绘制。可以看出该部分建筑物为 2 层，屋顶采用坡屋面。外墙装饰的主格调采用白色面砖。

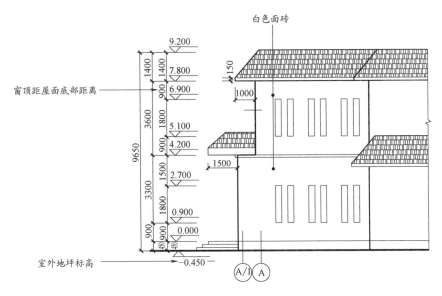

图 5-11 某办公楼东立面图（a）

该东立面图上采用以下多种线型：用粗实线绘制的外轮廓线显示了东立面的总长；用加粗线画出室外地坪线；用中实线画出窗洞的形状与分布；用细实线画出门窗分格线以及用料注释引出线等。

东立面图分别标注室内地坪标高±0.000，室外地坪标高－0.450m，屋面处标高 9.200m。从所标注的标高可知，此房屋室外地坪比室内±0.000 低 450mm，屋面伸出外墙 1000mm、1500mm。

图 5-12 是某办公楼的部分东立面图（b），用 1∶100 的比例绘制。可以看出该部分建筑物为 3 层，屋顶采用坡屋面。外墙装饰的主格调采用白色面砖及防水涂料。

该东立面图上采用以下多种线型：用粗实线绘制的外轮廓线显示了东立面的总长；用加粗线画出室外地坪线；用中实线画出窗洞的形状与分布；用细实线画出门窗分格线以及用料注释引出线等。

东立面图分别标注室内地坪标高±0.000，室外地坪标高－0.450m，屋面处标高 5.100m、9.200m、12.800m。从所标注的标高可知，此房屋室外地坪比室内±0.000 低 450mm，屋面伸出外墙 1000mm。

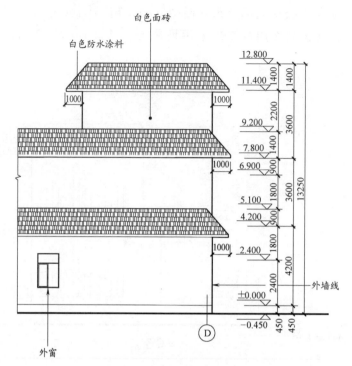

图 5-12　某办公楼东立面图（b）

第6小时

别墅建筑立面图识读

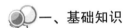 一、基础知识

1. 建筑立面设计

(1) 设计要点。

建筑立面设计要点,见表6-1。

建筑立面设计要点 表6-1

项　目	内　容
比例适当、尺度正确	(1)比例适当、尺度正确是立面完整统一的重要内容; (2)立面的比例和尺度的处理是与建筑功能、材料性能和结构类型有关。由于使用性质、容纳人数、空间大小、层高等不同,形成全然不同的比例和尺度关系
立面的虚实与凹凸的对比	(1)建筑立面中"虚"的部分泛指门窗、空廊、凹廊等,给人以轻巧、通透的感觉;"实"的部分指墙、柱、栏板等,给人以厚重、封闭的感觉; (2)建筑外观的虚实关系主要是由功能和结构要求决定的。巧妙地处理虚实关系可获得轻巧生动、坚实有力的外观形象; (3)以虚为主、虚多实少的处理手法能获得轻巧、开朗的效果。常用于剧院门厅、餐厅、车站、商店等大量人流聚集的建筑; (4)以实为主、实多虚少能产生稳定、庄严、雄伟的效果。常用于纪念性建筑及重要的公共建筑; (5)虚实相当的处理容易给人单调、呆板的感觉。在功能允许的条件下,可适当将虚的部分和实的部分集中,使建筑物产生一定的变化; (6)由于功能和构造上的需要,建筑外立面常出现一些凹凸部分。凸的部分一般有阳台、雨篷、遮阳板、挑檐、凸柱、凸出的楼梯间等,凹的部分有凹廊、门洞等。通过凹凸关系的处理可以加强光影变化,增强建筑物的立体感,丰富平面效果。住宅建筑常常利用阳台和凹廊形成虚实、凹凸变化

续表

项　目	内　容
运用线条的变化使立面具有韵律和节奏感	（1）从方向变化看，垂直线具有挺拔、高耸、向上的气氛；水平线使人感到舒展与连续、宁静与亲切；斜线具有动态的感觉；网格线有丰富的图案效果，给人以生动、活泼有秩序的感觉； （2）从粗细、曲折变化看，粗线条表现厚重、有力；细线条具有精致、柔和的效果；直线表现刚强、坚定；曲线则显得优雅、轻盈 建筑立面上存在着各种各样的线条，如立柱、墙垛、窗台、遮阳板、檐口、通长的栏板、窗间墙、分格线等。任何建筑，立面造型中千姿百态的优美形象，正是通过各种线条在位置、粗细、长短、方向、曲直、疏密、繁简、凹凸等方面的变化而形成的
正确配置立面色彩	不同的色彩具有不同的表现力，给人以不同的感受。以浅色或白色为基调的建筑给人以明快清新的感觉；深色显得稳重；橙黄等暖色使人感到热烈、兴奋；青、蓝、紫、绿等冷色使人感到宁静。运用不同色彩的处理，可以表现出不同建筑的性格、地区特点及民族风格。 建筑外形色彩设计包括大面积墙面基调色的选用和墙面上不同色彩的构图两方面。首先色彩处理必须和谐统一而富有变化，应与建筑性格一致，还应注意和周围环境协调一致，基色的运用还应考虑气候特征。
材料质感	由于材料质感不同，建筑立面会给人以不同的感觉。材料的表面，根据纹理结构的粗和细、光亮和暗淡的不同组合，会产生四种典型的质地效果，见表6-2 （1）利用材料本身的特性，如大理石、花岗石的天然纹理、金属、玻璃的光泽等； （2）人工创造的某种特殊的质感，如仿石饰面砖、仿树皮纹理的粉刷等。色彩和质感均是材料表面的属性，在很多情况下两者合为一体，很难分开。一些住宅的外墙常采用浅色饰面与红砖组合，由于两种不同色彩、不同质感的材料之间互相对比和衬托而产生悦目和生动明快的效果
注意重点部位和细部处理	对建筑某些部位进行重点和细部处理，可突出主体，打破单调感。立面重点处理常通过对比手法取得。建筑的主要出入口和楼梯间是人流最多的部位，要求明显易找。为了吸引人们的视线，可在建筑的主要出入口进行重点处理。 在立面设计中，对于体量较小或人们接近时才能看得清的部分，如墙面线脚、花格、漏窗、檐口细部、窗套、栏杆、遮阳、雨篷、花台及其他细部装饰等的处理称为细部处理

建筑立面材料不同的效果　　　　　　　　　　　　　　　表6-2

效　果	内　容
粗而无光的表面	笨重、坚固、大胆和粗犷的感觉
细而光的表面	轻快、平易、高贵、富丽和柔弱的感觉
粗而光的表面	粗壮而亲切的感觉
细而无光的表面	朴素而高贵的感觉

（2）设计注意事项。

1）建筑立面包括正立面、背立面和侧立面等，但人们观察到的通常有两个立面。因此，在推敲建筑立面时不能孤立地处理每个面，必须认真处理几个面的相互协调和相邻面的衔接关系，以取得统一。

2）建筑造型是一种空间艺术，研究立面造型不能只局限于立面尺寸大小和形状，应考虑到建筑空间的透视效果。

3）建筑立面处理应充分运用建筑物外立面上构件的直接效果、入口的重点处理以及适当装饰处理等手段，力求简洁、明快、朴素、大方，避免繁琐装饰。

2. 建筑立面图用途

（1）反映建筑物的外形和外貌。

（2）反映建筑立面各部分配件的形状及相互关系。

（3）反映建筑装饰要求及构造做法。

二、施工图识读

图 6-1 是某别墅建筑的部分南立面图（a），用 1∶100 的比例绘制。南立面图是建筑物的主要立面，它反映该建筑的外貌特征及装饰风格，可以看出建筑物为 2 层，屋顶采用坡屋面，上面铺深灰色瓦，外墙装饰的主格调采用浅米黄色高级外墙涂料，基础墙为土黄色。

该南立面图上采用以下多种线型：用粗实线绘制的外轮廓线显示了南立面的总长；用加粗线画出室外地坪线；用中实线画出窗洞的形状与分布；用细实线画出门窗分格线以及用料注释引出线等。

从图中看到，窗户为推拉窗。室外地面标高为 -0.450m，室内标高为 ±0.000，室内外高差 0.45m，一层窗台标高为 0.900m，窗顶标高为 3.000m，表示窗洞高度为 2.10m，二层窗台标高为 4.500m，窗顶标高为 6.300m，表示二层的窗洞高度为 1.80m。屋顶标高 9.300m，表示该建筑的总高为 9.30m。

图 6-2 是某别墅建筑的部分南立面图（b），用 1∶100 的比例绘制。南立面图是建筑物的主要立面，它反映该建筑的外貌特征及装饰风格，可以看出建筑物为 2 层，屋顶采用坡屋面。雨篷面处铺深灰色瓦。南面有 1 个楼门，门前有一台阶，台阶踏步为三级。基础墙为土黄色。

该南立面图上采用以下多种线型：用粗实线绘制的外轮廓线显示了南立面的总长；用加粗线画出室外地坪线；用中实线画出窗洞的形状与分布；用细实线画出门窗分格线以及用料注释引出线等。

从图中看到，窗户为推拉窗。雨篷顶标高 4.000m，出挑 550mm。

图 6-3 是某别墅建筑的部分南立面图（c），用 1∶100 的比例绘制。南立面图是建筑物的主要立面，它反映该建筑的外貌特征及装饰风格，可以看出建筑物为 2 层，屋顶采用坡屋面，上铺深灰色瓦，基础墙为土黄色。

该南立面图上采用以下多种线型：用粗实线绘制的外轮廓线显示了南立面的总长；用加粗线画出室外地坪线；用中实线画出窗洞的形状与分布；用细实线画出门窗分格线以及用料注释引出线等。

从图中看到，窗户为推拉窗。室外地面标高为 -0.450m，室内标高为 ±0.000，室内外高差 0.45m，一层窗台标高为 0.900m，窗顶标高为 2.700m，表示窗洞高度为 1.80m，二层窗台标高为 4.500m，窗顶标高为 6.300m，表示二层的窗洞高度为 1.80m。屋顶标高 9.300m，表示该建筑的总高为 9.30m。

图 6-4 是某建筑的部分北立面图（a），用 1∶100 的比例绘制。可以看出建筑物为 2 层，屋顶采用坡屋面，上铺深灰色瓦，基础墙为土黄色。

该北立面图上采用以下多种线型：用粗实线绘制的外轮廓线显示了北立面的总长；用加粗线画出室外地坪线；用中实线画出窗洞的形状与分布；用细实线画出门窗分格线以及用料注释引出线等。

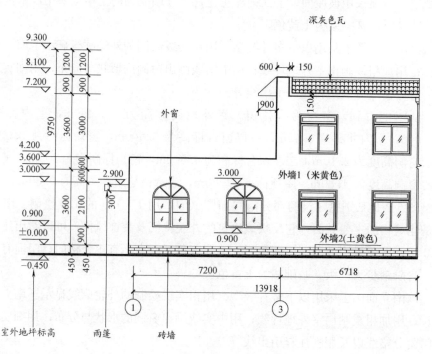

图 6-1　某建筑南立面图（a）

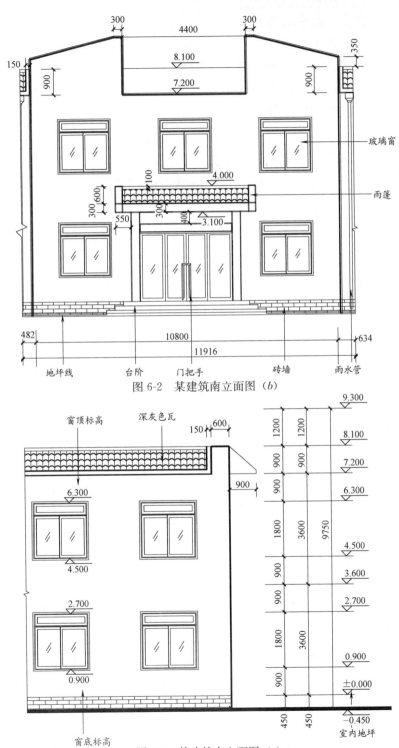

图 6-2 某建筑南立面图（b）

图 6-3 某建筑南立面图（c）

从图中看到，窗户为推拉窗。室外地面标高为－0.450m，室内标高为±0.000，室内外高差0.45m，一层窗台标高为0.900m，窗顶标高为2.700m，表示窗洞高度为1.80m，二层客厅窗台标高为4.500m，窗顶标高为6.300m，表示二层的窗洞高度为1.80m。屋顶标高9.300m，表示该建筑的总高为9.30m。另外，该建筑在⑧轴附近设有雨水管，以便排水。

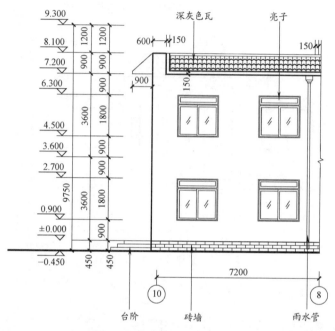

图6-4 某建筑北立面图（a）

图6-5是某建筑的部分北立面图（b），用1∶100的比例绘制。可以看出建筑物为2层，屋顶采用坡屋面，上铺深灰色瓦，基础墙为土黄色。

该北立面图上采用以下多种线型：用粗实线绘制的外轮廓线显示了北立面的总长；用加粗线画出室外地坪线；用中实线画出窗洞的形状与分布；用细实线画出门窗分格线以及用料注释引出线等。

从图中看到，一层窗台标高为0.900m，窗顶标高为2.700m，表示窗洞高度为1.80m，屋顶标高为8.100m。

图6-6是某建筑的部分北立面图（c），用1∶100的比例绘制。可以看出建筑物为2层，屋顶采用坡屋面，上铺深灰色瓦，外墙装饰的主格调采用浅米黄色高级外墙涂料，基础墙为土黄色。

该北立面图上采用以下多种线型：用粗实线绘制的外轮廓线显示了北立面的总长；用加粗线画出室外地坪线；用中实线画出窗洞的形状与分布；用细实线画

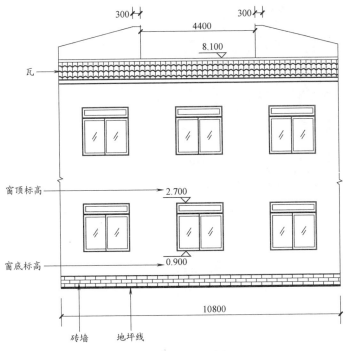

图 6-5 某建筑北立面图（*b*）

出门窗分格线以及用料注释引出线等。

从图中看到，窗户为推拉窗。室外地面标高为－0.450m，室内标高为±0.000，室内外高差 0.45m，一层窗台标高为 0.900m，窗顶标高为 2.700m，表示窗洞高度为 1.80m，二层窗台标高为 4.500m，窗顶标高为 6.300m，表示二层的窗洞高度为 1.80m。雨篷顶标高为 2.900m，厚 300mm。屋顶标高 9.300m，表示该建筑的总高为 9.30m。

图 6-7 是某建筑的西立面图，用 1：100 的比例绘制。可以看出建筑物为 2层，西立面图有一个楼门，门前有一台阶，三级。屋顶采用坡屋面，深灰色瓦，外墙装饰的主格调采用浅米黄色高级外墙涂料，基础墙为土黄色。

该西立面图上采用以下多种线型：用粗实线绘制的外轮廓线显示了西立面的总长；用加粗线画出室外地坪线；用中实线画出窗洞的形状与分布；用细实线画出门窗分格线以及用料注释引出线等。

从图中看到，室外地面标高为－0.450m，室内标高为±0.000，室内外高差 0.45m，一层楼门上部雨篷顶标高为 2.900m，厚度 300mm，距离门顶 200mm，即门顶标高为 2.400m。二层窗台标高为 4.500m，窗顶标高为 6.300m，表示二层的窗洞高度为 1.80m。屋顶标高为 9.300m，表示该建筑的总高为 9.30m。

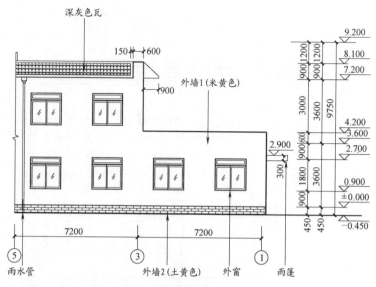

图 6-6　某建筑北立面图（c）

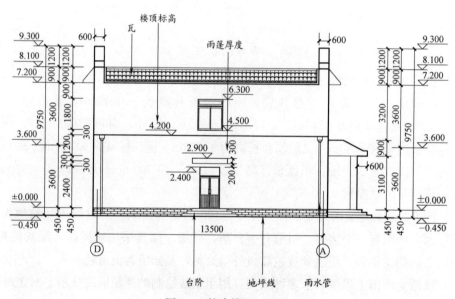

图 6-7　某建筑西立面图

图 6-8 是某建筑的东立面图，用 1：100 的比例绘制。可以看出建筑物为 2 层，屋顶采用坡屋面，深灰色瓦，外墙装饰的主格调采用浅米黄色高级外墙涂料，基础墙为土黄色。

该东立面图上采用以下多种线型：用粗实线绘制的外轮廓线显示了东立面的总长；用加粗线画出室外地坪线；用中实线画出窗洞的形状与分布；用细实线画

出门窗分格线以及用料注释引出线等。

从图中看到，室外地面标高为−0.450m，室内标高为±0.000，室内外高差0.45m，一层窗台标高为0.900m，窗顶标高为2.700m，表示一层窗洞高度为1.800m。二层窗台标高为4.500m，窗顶标高为6.300m，表示二层的窗洞高度为1.8m。屋顶标高为9.300m，表示该建筑的总高为9.30m。

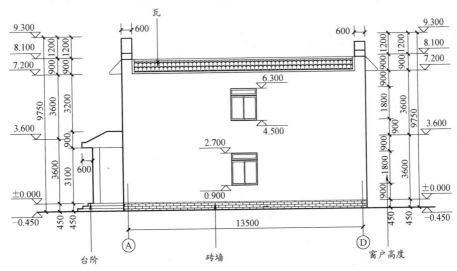

图 6-8　某建筑东立面图

第7小时
写字楼剖面图识读

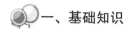 一、基础知识

1. 建筑剖面图概述

建筑剖面图一般是指建筑物的垂直剖面图，也就是假想用一个竖直平面去剖切房屋，移去靠近观察者视线的部分后的正投影图，简称剖面图。

建筑剖面图表示建筑物内部垂直方向的高度、楼层分层、垂直空间的利用以及简要的结构形式和构造方式等情况的图样。

剖面图的剖切位置，应选择在内部结构和构造比较复杂或有变化以及有代表性的部位，其数量视建筑物的复杂程度和实际情况而定。绘制出剖面图后，剖面图能反映出该建筑在竖直方向的全貌、基本结构形式和构造方式。一般剖切平面位置都应通过门、窗洞，借此来表示门窗洞的高度和在竖直方向的位置和构造，以便施工。如果用一个剖切平面不能满足要求时，则允许将剖切平面转折后来绘制剖面图。

2. 剖面图表达的内容

建筑剖面图是沿建筑物高度方向所作的竖直剖面图，它主要表示竖直方向的内部构造及空间布置。

3. 剖面图表示内容

（1）表示墙、柱及其定位轴线。

（2）表示室内底层地面、地坑、地沟、各层楼面、顶棚，屋顶（包括檐口、女儿墙，隔热层或保温层、天窗、烟囱、水池等）、门、窗、楼梯、阳台、雨篷、留洞、墙裙、踢脚板、防潮层、室外地面、散水、排水沟及其他装修等剖切到或能见到的内容。

（3）标出各部位完成面的标高和高度方向尺寸。

1) 标高内容。

室内外地面、各层楼面与楼梯平台、檐口或女儿墙顶面、高出屋面的水池顶面、烟囱顶面、楼梯间顶面、电梯间顶面等处的标高。

2) 高度尺寸内容。

外部尺寸：门、窗洞口（包括洞口上部和窗台）高度，层间高度及总高度（室外地面至檐口或女儿墙顶）。

内部尺寸：地坑深度和隔断、搁板、平台、墙裙及室内门、窗等的高度。

注写标高及尺寸时，注意与立面图和平面图相一致。

（4）表示楼、地面各层构造。一般可用引出线说明。引出线指向所说明的部位，并按其构造的层次顺序，逐层加以文字说明。若另画有详图，或已有"构造说明一览表"时，在剖面图中可用索引符号引出说明。

（5）表示需画详图之处的索引符号。

（6）比例与图例。建筑剖面图的比例与建筑立面图、平面图一致，通常为1∶50、1∶100、1∶200等，多用1∶100。

4. 剖面图的阅读

（1）结合底层平面图阅读，对应剖面图与平面图的相互关系，建立起房屋内部的空间概念。

（2）结合建筑设计说明和材料做法，查阅地面、楼面、墙面、顶棚的装修做法。

（3）查阅各部位的高度。

（4）结合屋顶平面图阅读，了解屋面坡度、屋面防水、女儿墙泛水、屋面保温、隔热等的做法。

二、施工图识读

图 7-1 为某写字楼部分剖面图（a），剖切到的墙体用两条粗实线表示，不画图例，表示用砖砌成。剖切到的楼面、屋面、梁、阳台和女儿墙压顶均涂黑，表示其材料为钢筋混凝土。

由图中可知，该建筑从标高 8.400m 至标高 22.560m 之间共分 3 层。每层楼梯踏步数为 11 步，踏步宽度 260mm，踏步高度 150mm。三个楼层的休息平台标高分别为 10.200m、13.800m、17.400m，休息平台宽度为 1.70m。三个楼层的楼板标高分别是 8.400m、12.000m、15.600m，即层高为 3.60m。

剖面图尺寸有三道，最外侧一道标明建筑物主体建筑的总高度，中间一道标明各楼层高度，最内侧一道标明剖切位置的门窗洞口、墙体的竖向尺寸。例如，该建筑总高度为14160mm，层高为3600mm。剖面图中所标水平尺寸与被剖切位置的平面轴线一一对应，故本图中Ⓓ～Ⓐ轴线间尺寸为13500mm。

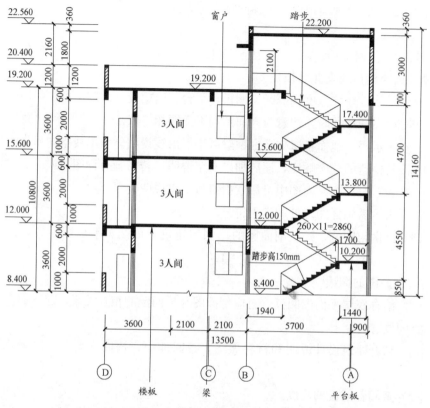

图7-1 某写字楼剖面图（a）

图7-2为某写字楼部分剖面图（b），剖切到的墙体用两条粗实线表示，不画图例，表示用砖砌成。剖切到的楼面、屋面、梁、阳台和女儿墙压顶均涂黑，表示其材料为钢筋混凝土。室内外地坪线画加粗线，地坪线以下部分不画。室外地坪标高为－0.300m。

由图中可知，该建筑从标高±0.000至标高8.400m之间共分2层。每层楼梯踏步数为12步，踏步宽度260mm，踏步高度162mm。两个楼层的休息平台标高分别为2.106m、6.300m，休息平台宽度1.70m。两个楼层的楼板标高分别是4.200m、8.400m，即层高为4.20m。

剖面图尺寸有三道，最外侧一道标明建筑物主体建筑的总高度，中间一道标明各楼层高度，最内侧一道标明剖切位置的门窗洞口、墙体的竖向尺寸。例如，该建筑总高度为8.70m，层高为4200mm。剖面图中所标水平尺寸与被剖切位置的平面轴线一一对应，故本图中Ⓐ～Ⓓ轴线间尺寸为13500mm。

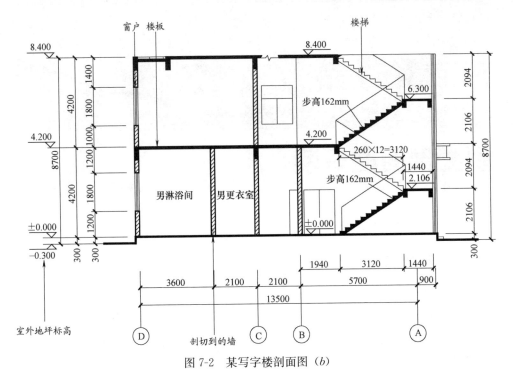

图 7-2　某写字楼剖面图（b）

第8小时

别墅剖面图识读

一、基础知识

1. 建筑剖面图表达的内容

（1）图示内容。

反映该房屋通过门厅、楼梯间的竖直横剖面形状，进而表明该房屋在此部位的结构、构造、高度、分层以及竖直方向的空间组合情况。

在建筑剖面图中，除了具有地下室外，一般不画出室内外地面以下部分，而只对室内外地面以下的基础墙画上折断线，因为基础部分将由结构施工图中的基础图来表达。在1：100的剖面图中，室内外地面的层次和做法一般将由剖面节点详图或施工说明来表达，故在剖面图中只画一条加粗线来表达室内外地面线，并标注各部分不同高度的标高。

（2）剖面图的主要内容。

建筑剖面图的比例通常与平面图、立面图相同。

1）表示房屋内部的分层分隔情况。

2）表示剖切到的房屋的一些承重构件。

3）表示房屋高度的尺寸及标高。

4）表示房屋剖切到的一些附属构件。

5）尺寸标注。剖面图中竖直方向的尺寸标注也分为三道尺寸：最里边一道尺寸标注门窗洞口高度、窗台高度、门窗洞口顶上到楼面（屋面）的高度；中间一道尺寸标注层高尺寸；最外一道尺寸标注从室外地坪到外墙顶部的总高度。剖面图中水平方向需要标注剖切到的墙、柱轴线间的尺寸。

2. 房间的剖面形状

（1）房间剖面形状的分类。

房间剖面形状的分类见表8-1。

房间剖面形状的分类

表8-1

房间剖面的形状	特　　点
矩形	矩形剖面形式简单、规整,有利于竖向空间组合,体形简洁而完整,结构形式简单、施工方便,在普通民用建筑中使用广泛
非矩形	非矩形剖面常用于有特殊要求的房间,或由特殊的结构形式的构成

（2）房间剖面形状的确定。

1）视线要求。

① 有视线要求的房间主要指影剧院的观众厅、体育馆的比赛大厅、教学楼的阶梯教室等。这类房间除平面形状、大小要满足一定的视距、视角要求外,地面还应设计起坡,以保证能舒适、无遮挡地看清对象,获得良好的视觉效果。

② 地面升起坡度的大小与设计视点的选择、视线升高值、座位排列方式、排距等因素有关。

③ 设计视点是指按设计要求所能看到的极限位置,并以此作为视线设计的主要依据。

④ 设计视点选择是否合理,是衡量视觉质量的重要标准,也直接影响地面升起坡度的大小及建筑的经济性。

2）音质要求。

① 为了有效地利用声能,加强各处的直达声,大厅的地面需要逐渐升高,与厅堂视线设计的要求恰好相吻合,所以按照视线要求设计的地面一般也能满足声学要求。

② 顶棚的高度和形状是保证厅堂音质效果的又一个重要因素。为保证大厅的各个座位都能获得均匀的反射声,并加强声压不足的部位,就需要根据声音反射的基本原理对厅堂的顶棚形状进行分析和设计。一般情况下,凸面可以使声音扩散,声场分布较均匀;凹曲面和拱顶都易产生声音聚焦,声场分布不均匀,设计时应尽量避免。

3）建筑结构、材料及施工要求。

房间的剖面形状除应满足使用要求外,还应考虑建筑的结构形式、材料选择和施工因素的影响。矩形的剖面形式规整而简洁,可采用简单的梁板式结构布置,施工方便,适用于大量性民用建筑。特殊的结构形式往往能为建筑创造独特的室内空间。

4）室内采光和通风要求。

一般房间进深不大,侧窗已能满足室内采光和通风等卫生要求,则剖面形式比较单一,多以矩形为主。当房间进深较大,侧窗无法满足上述要求时,就需要设置各种形式的天窗,从而也就形成各种不同的剖面形状。

有一些房间，虽进深并不大，但功能上却有特殊要求，此类用房在设计时，如果利用形式多样的天窗采光，既能避免光线直接照射到展品或陈列品上，消除眩光，又能保证室内照度均匀，光线稳定而柔和，同时还可以留出足够的墙面以便布置展品或陈列品。

3. 建筑剖面图的表示方法

（1）定位轴线。

（2）图例。

（3）比例。

（4）图线。

（5）剖切位置与数量的选择。

（6）尺寸标注。

（7）楼、地面各层构造做法。

（8）详图索引符号。

二、施工图识读

图 8-1 为某别墅的建筑剖面图（a），绘制比例为 1：100。其剖切位置通过大门、门厅、车库，剖切后向左进行投影得到的横向剖面图，基本能反映建筑物内部全貌的构造特征。

由图中可知，该建筑共分两层。室外标高是－0.450m，室外台阶是三级，总高度 450mm，即台阶最上面层标高为±0.000。台阶周围设有栏杆。门厅外部雨篷顶部标高为 2.850m，车库门的高度为 1.80m。一层梁底标高为 2.800m，二层栏杆垂直杆件净空为 100mm。屋面为坡屋面。剖面图尺寸也有三道，最外侧一道标明建筑物主体建筑的总高度，中间一道标明各楼层高度，最内侧一道标明剖切位置的门窗洞口、墙体的竖向尺寸。一层层高为 3450mm，二层高为 2800mm，一层门口入口高为 1800mm。

图 8-2 为某别墅的建筑剖面图（b），绘制比例为 1：100。其剖切位置通过大门、门厅、车库，剖切后向左进行投影得到的横向剖面图，基本能反映建筑物内部全貌的构造特征。

由图中可知，该建筑共分两层。室外标高是－0.450m，车库地面标高为－0.300m，二层楼面标高为 3.000m，一层梁底标高为 2.800m。该部分一层门高 2.1m，二层门高 2.1m。屋面为坡屋面，屋面最高处标高为 8.700m。内部墙体采用聚苯板墙。

剖面图尺寸也有三道，最外侧一道标明建筑物主体建筑的总高度，中间一道标明各楼层高度，最内侧一道标明剖切位置的门窗洞口、墙体的竖向尺寸。一层层高为 3450mm，二层高为 2800mm。

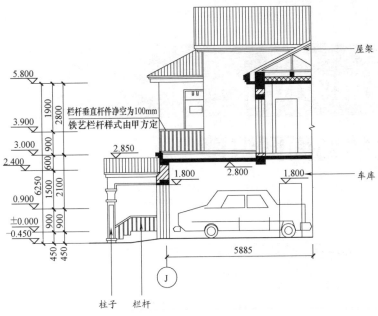

图 8-1　某别墅剖面图（a）

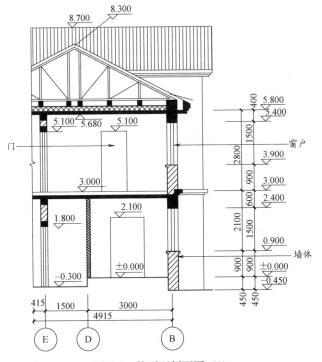

图 8-2　某别墅剖面图（b）

第9小时

办公楼剖面图识读

一、基础知识

1. 建筑剖面图的形成

建筑剖面图是以一假想剖切平面，平行于房屋的某一墙面，将整个房屋从屋顶到基础剖切开，把剖切面与观察人之间的部分移开，将剩下的部分垂直于剖切平面的方向投影而画成的图样。

2. 建筑剖面图的特点

（1）剖切面的位置。

剖面图的剖切位置应选在房屋的主要部位或建筑构造比较典型的部位，如果剖切平面通过房屋的门窗洞口和楼梯间，并应在首层平面图中标明。剖面图的图名，应与平面图上所注剖切符号的编号一致。当一个剖切平面不能同时剖切到这些部位时，可采用不平行的剖切平面。剖切平面应根据房屋的复杂程度而定。

（2）剖面图的剖视方向。

平面图上剖切符号的剖视方向宜向左、向前，看剖面图应与平面相结合并对照立面图一起看。剖切平面一般取侧垂面，所得的剖面图为横剖面图；必要时也可以取正面，所得的剖面为正剖面。

（3）图线要求。

被剖切到的墙、楼面、屋面、梁的断面轮廓线用粗实线画出，砖墙一般不画图例，钢筋混凝土梁、楼面、屋面和柱的断面通常涂黑表示。粉刷层在 1：100 的平面图中不必画出，当比例为 1：50 或更大时，则用细实线画出室内外地坪。其他没剖切到的可见配件轮廓线，如门窗、踢脚线、楼梯栏杆、扶手等用实线画出。尺寸线、尺寸界线、图例线、引出线、标高符号、雨水管等用细实线画出。定位轴线用细点画线画出。室内地面只画出一条粗实线表示，灰层及材料图例的画法与平面图中规定一样。

（4）比例要求。

剖面图的比例常与同一建筑的平面图的比例一致，即采用1：50、1：100、1：200绘制。为了表达建筑的材料和构造，当比例大于1：50时应在其断面上画出材料。

（5）剖面图的尺寸标注。

1）垂直方向：

剖面图的尺寸标注要在垂直方向上标出室内外地坪、各楼层面、门窗上下口距墙顶的标高。包括三道尺寸：外面是总高尺寸，中间是层高，里面是细部尺寸。

2）水平方向：

常标注剖切到的墙、柱及其剖面图两端的轴线间距，并在图的下方注写图名和比例。

3）其他标注：

其他部位如墙脚、窗台、过梁、墙顶等节点，可画上索引符号，另用详图来表示。

3. 建筑剖面图识读步骤

（1）了解图名及图例。

（2）了解剖面图与平面图的对应关系。

（3）了解房屋的结构形式。

（4）了解主要标高和尺寸。

（5）了解屋面、楼面、地面的构造层次及做法。

（6）了解屋面的排水方式。

（7）了解索引详图所在的位置及编号。

二、施工图识读

某办公楼剖面图如图9-1所示。从图中可看出，涂黑的部分为钢筋混凝土楼板和梁，房屋一共三层，房屋的层高为3400mm。剖切到的办公室的门高度为2100mm，阳台门为2750mm。剖切到了阳台上的窗户，从剖面图中能很清楚看出，窗台高为900mm，窗高1850mm，窗上的梁高为650mm。房屋顶部是钢筋混凝土平屋顶，屋顶上又安装了彩钢板。屋顶挑檐的厚度为80mm，伸出屋面300mm，高出屋面400mm。室外地坪标高为－0.800m，屋顶最高处标高为13.080m。

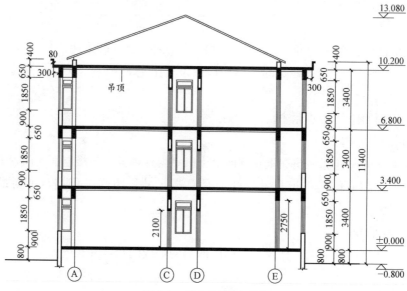

图 9-1　某办公楼剖面图

第10小时

办公楼卫生间详图识读

 一、基础知识

1. 建筑详图概述

房屋建筑平、立、剖面图都是用较小的比例绘制的，主要表示房屋的总体情况，而建筑物的一些细部形状、构造等无法表示清楚。因此，在实际中对建筑物的一些节点、建筑构配件形状、材料、尺寸、做法等用较大比例图样表示，称为建筑详图或大样图。

详图通常采用表 10-1 中的比例，必要时也可选用 1：3、1：4、1：25、1：30、1：40 等比例绘制。详图与平、立、剖面图是用索引符号联系起来的。常用的建筑详图有外墙身详图、楼梯间详图、卫生间详图、门窗详图、雨篷详图等。

建筑施工图比例　　　　　　　　　　　　　表 10-1

图　　名	比　　例
总平面图、管线图、土方图	1：500、1：1000、1：2000
建筑物或构筑物的平面图、立面图、剖面图	1：50、1：100、1：150、1：200、1：300
建筑物或构筑物的局部放大图	1：10、1：20、1：25、1：30、1：50
配件及构造详图	1：1、1：2、1：5、1：10、1：15、1：20、1：30、1：50

2. 详图索引符号

在施工图中，有时会因为比例问题而无法表达清楚某一局部，为方便施工需另画详图。一般用索引符号注明画出详图的位置、详图的编号以及详图所在的图纸编号。索引符号和详图符号内的详图编号与图纸编号两者对应一致。

按"国标"规定，索引符号的圆和引出线均应以细实线绘制，圆直径为10mm。引出线应对准圆心，圆内过圆心画一水平线，上半圆中用阿拉伯数字注明该详图的编号，下半圆中用阿拉伯数字注明该详图所在图纸的图纸编号。如果详图与被索引的图样在同一张图纸内，则在下半圆中间画一水平细实线。索引出的详图，如采用标准图，应在索引符号水平直径的延长线上加注该标准图册的编号。

当索引符号用于索引剖面详图时，应在被剖切的部位绘制剖切位置线。引出线所在一侧应为投射方向。

3. 卫生间详图表达内容

（1）卫生间详图表达卫生间内各种设备的位置、形状及安装做法。

（2）选用比例较大，采用1：50、1：40、1：30等。

（3）与建筑平面图相同，凡是剖到的墙的断面轮廓线用粗实线，门扇的开启示意线用中粗实线表示，各种设备可见的投影线用细实线表达，必要的不可见线用细虚线表示。

（4）除标注墙身轴线编号、轴线间距和卫生间的开间、进深尺寸外，还要注出各卫生设备的定型、定位尺寸和其他必要的尺寸，以及各地面的标高等，平面图上还应标注剖切线及设备详图的详图索引标志等。

二、施工图识读

图10-1为某办公楼卫生间详图，绘制比例为1：50。卫生间开间为3600mm，进深为5700mm，⑤~⑥轴间窗洞宽为1800mm，Ⓐ~Ⓑ轴间窗洞宽为1500mm；⑤~⑥轴间门洞宽为1000mm，卫生间内墙处门洞宽为800mm；窗口距墙垛距离为900mm，门洞距墙垛为900mm；内墙厚为240mm，外墙厚为370mm，厕所内部墙厚为120mm。小便间宽度为800mm，进深为400mm，大便间宽度为900mm，进深为1200mm。洗漱台宽度为1200mm，长度为2520mm，采用黑色大理石台面板。成品拖布池长600mm，其余大便器及小便器隔断做法参考相关图集。

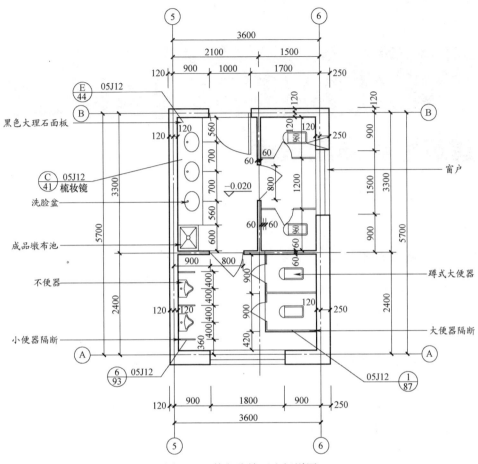

图 10-1 某办公楼卫生间详图

第11小时

建筑墙身详图识读

一、基础知识

1. 建筑详图表达的内容

（1）详图名称、比例。

（2）详图符号及其编号以及需另画详图时的索引符号。

（3）建筑构配件的形状以及与其他构配件的详细构造、层次、有关的详细尺寸和材料图例等。

（4）详细注明各部位和各层次的用料、做法、颜色以及施工要求等。

（5）需要画上的定位轴线及其编号。

（6）需要标注的标高等。

2. 外墙墙身详图概述

外墙墙身详图是建筑物的外墙身剖面详图，是建筑剖面图的局部放大图。主要用来表达外墙的厚度，门窗洞口、窗台、窗间墙、檐口、女儿墙等部位的高度，地面、楼面、屋面的构造做法，外墙与室内外地坪、与楼面、与屋面的连接关系，门窗立口与墙身的关系，墙体的勒脚、散水、窗台、檐口等一些细部尺寸、材料、做法等内容。

外墙身详图常用 1:30 的比例绘制，线型与剖面图相同，详细地表明外墙身从防潮层至墙顶各主要节点的构造做法。为了节约图纸、表达简洁，常将墙身在门窗洞口处折断。有时还可以将整个墙身详图分成各个节点单独绘制。在多层房屋之中，若中间几层情况相同，则可只画出底层、顶层和一个中间层三个详图。

外墙剖面详图往往在窗洞口断开，因此在窗洞口处出现双折断线、成为几个节点详图的组合，在多层房屋中，若各层构造情况一样，可只画墙脚、檐口和中间层。按上下位置整体排列，有时墙身把各个节点详图单独绘制，也叫做墙身节点详图。

3. 墙身详图表达内容

（1）表达各组成部分的连接关系、高度、标高及一些部位的材料、做法、装修、技术要求。

（2）用剖面图形式详细的表明外墙身从防潮层至墙顶间三个节点的构造。

（3）标注的内容。

1）标注墙与轴线的关系尺寸、轴线编号、墙厚及梁宽。

2）标注出细部尺寸，包括散水宽度、窗台高度、窗上口尺寸、挑出窗口过梁、挑檐的细部尺寸、挑檐板的挑出尺寸、女儿墙的高度尺寸、层高尺寸及高度尺寸。

3）标注出主要标高，包括室内地坪、室外地坪、楼层标高、顶板标高。

4）应标出室内地面、楼面、吊顶、内墙面、踢脚、墙裙、散水及台阶等构造做法代号。

（4）图中详图索引符号等。

4. 墙身详图做法

墙身详图做法包括三部分：室内外地坪交界处的做法，楼层处节点做法以及屋顶檐口做法。

（1）室内外地坪交界处做法：

该处节点必须标明基础墙的厚度、室内地坪的位置及明沟、散水、坡道、台阶、墙身防潮层、首层地面等的做法；并且必须标明踢脚、勒脚、墙裙等部位的装修做法；本层窗台内的全部内容，包括门窗过梁、室内窗台、室外窗台等做法。

（2）楼层处节点做法：

该处节点的表达范围，包括从下层窗过梁至上层顶棚范围内的各种构件、部位的做法；其间包括属于下层的雨罩、楼板、圈梁、阳台板、阳台栏杆或栏板，以及属于上层的楼地面、踢脚、墙裙、内外窗台、吊顶，也包括相应范围内的外墙做法。

（3）屋顶檐口处做法：

该处节点包括自顶层过梁至檐口、女儿墙上皮范围内的全部内容，根据具体情况，包括以下部分内容：顶层窗台过梁、圈梁、顶层屋面、檐口、女儿墙、天沟、排水口、集水斗或雨水管等。

二、施工图识读

从图 11-1 中可以看出，上部墙体为加气混凝土砌块砌成。窗台高为 900mm，窗户高 1800mm，窗台板采用磨光花岗石窗台板，具体做法见相关图集。窗户上部的梁与楼板是一体的，到屋顶与挑檐也构成一个整体，挑檐宽度 900mm，向上弯起 150mm，板底标高为 7.200m，压顶顶标高为 8.100m。屋顶泛水及压顶做法见相关图集。屋面从下到上做法是 40mm 厚的预制钢筋混凝土板，上刷 15mm 厚的 1：1.25 水泥砂浆，铺设油毡一层，再贴顺水条 500mm，最后铺深灰色瓦穿镀锌钢丝与挂瓦条绑牢。室内木质窗帘盒做法见相关图集。

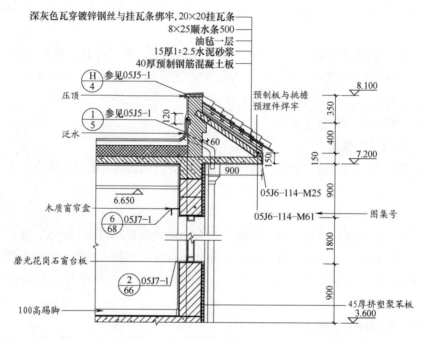

图 11-1　某建筑墙身详图（a）

从图 11-2 中可以看出，基础墙为普通砖砌成，上部墙体为加气混凝土砌块砌成。在室内地面处有基础圈梁。室外地坪标高为 -0.450m，室内地坪标高为 ±0.000。窗台高为 900mm，窗户高为 1800mm，外墙厚 370mm，贴 45mm 厚挤塑聚苯板，可以起到保温的作用。室外勒脚做法见相关图集，室内做 100mm 高的踢脚。窗户上部的梁与楼板是一体的，到屋顶与挑檐也构成一个整体，楼板顶标高为 3.600m。

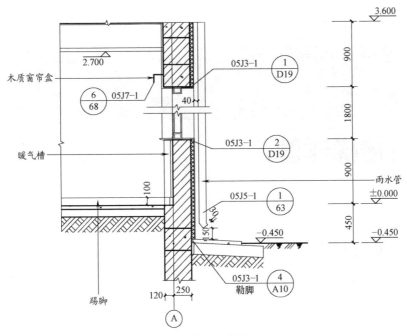

图 11-2 某建筑墙身详图（b）

第12小时

建筑楼梯详图识读

一、基础知识

1. 建筑详图的特点

（1）比例较大。

（2）图示表达详尽清楚。

（3）尺寸标注齐全准确，说明详细。

（4）建筑详图使局部的详细构造、大小、形状、材料和做法等都完全表达出来。

2. 楼梯详图的概述

楼梯详图主要表示楼梯的类型和结构形式、各部位的尺寸及装修做法。楼梯是由楼梯段、休息平台、栏杆或栏板组成，是楼梯施工放样的主要依据。

楼梯结构形式主要有单跑式楼梯、双跑式楼梯、多跑式楼梯、剪刀式楼梯、交叉式楼梯、弧形楼梯、圆形楼梯等。

楼梯详图一般分为建筑详图和结构详图。应分别绘制并编入建筑施工图和结构施工图中。对于一些构造和装修简单的现浇钢筋混凝土结构，其建筑施工图与结构施工图合并绘制。

3. 楼梯详图表达内容

楼梯详图包括平面图、剖面图及节点详图（踏步、栏杆或栏杆、扶手详图）。

（1）楼梯平面图内容。

楼梯平面图常采用1：50的比例。平面图中应标注楼梯间的轴线编号、开间、进深尺寸，楼地面和中间平台的标高，楼梯梯段长、平台宽等细部尺寸。

另外楼梯的平面图中还应标注出楼梯的剖切位置和楼梯的走向及踏步的

级数。

1）楼梯的剖切位置：从地面上往上走的第一梯段任意位置处，在平面图中以一根45°折断线表示。

2）楼梯的走向及踏步级数：在每一梯段处画有一长箭头，并注写"上"或"下"表示楼梯走向。

楼梯平面图是水平剖切平面位于各层窗台上方的剖面图。

一般每一层楼梯都要画一楼梯平面图，三层以上的房屋，若中间各层的楼梯位置及其梯段数、踏步数和大小都一样，通常只画出顶层、底层、中间层的平面图即可，如图12-1所示。

楼梯平面图主要反映楼梯的外观、结构形式、楼梯中的平面尺寸及楼层和休息平台的标高等。

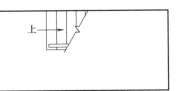
(a) 楼梯首层平面图

楼梯平面图的识读步骤如下：

1）了解楼梯在建筑平面图中的位置及有关轴线的布置。

2）了解楼梯的平面形式和踏步尺寸。

3）了解楼梯间各楼层平台、休息平台面的标高。

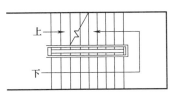
(b) 楼梯中间层平面图

4）了解中间层平面图中三个不同梯段的投影。

5）了解楼梯间墙、柱、门、窗的平面位置、编号和尺寸。

6）了解楼梯剖面图在楼梯底层平面图中的剖切位置。

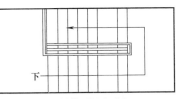
(c) 楼梯顶层平面图

（2）楼梯剖面图。

图12-1　楼梯平面图

楼梯剖面图是假想用一个铅垂面将各层楼梯的某一个梯段竖直剖开，向未剖切到的另一梯段方向投影，得到的剖面图称为楼梯剖面图。楼梯剖面图的剖切位置通常标注在楼梯底层平面图中。在多高层建筑中若中间若干层构造相同，则楼梯剖面图可只画出首层、中间层和顶层三部分。

楼梯剖面图通常也采用1∶50的比例。在楼梯剖面图中应标注首层地面、各层楼面平台和各个休息平台的标高。水平方向应标注被剖切墙体轴线尺寸、休息平台宽度、梯段长度等尺寸。竖直方向应标注门窗洞口、梯段高度、层高等尺寸及详图索引符号。

楼梯剖面图内容主要表现在：

1）图名与图例。

楼梯剖面图的图名与楼梯平面图的剖切符号相同。

2）轴线编号与进深尺寸。

在楼梯剖面图中，应标注楼梯间轴线编号与进深尺寸，楼梯剖面图轴线编号与进深尺寸同楼梯平面图。

3）楼梯的结构类型和形式。

钢筋混凝土楼梯有现浇和预制两种，从楼梯段的受力形式分为板式和梁板式。

4）其他细部构造和做法。

建筑物的层数、楼梯梯段及每段楼梯踏步个数和踏步高度；室内地面、各层楼面、休息平台的位置；楼梯间门窗、窗下墙、过梁、圈梁等位置；楼梯段、休息平台及平台梁之间的相互关系。

5）尺寸及标高。

需要标注尺寸的部位有：各梯段和栏杆（板）的高度尺寸，楼梯间外墙上门窗洞口的高度尺寸等。梯段的高度尺寸用级数与踏步高度的乘积表示。

6）在楼梯剖面图中，需另画详图的部位，应画上索引符号。

（3）楼梯节点详图。

楼梯踏步、栏杆、扶手详图是表示踏步、栏杆、扶手的细部做法及相互间连接关系的图样，一般采用较大的比例。

在楼梯平面图和剖面图中没有表示清楚的踏步做法、栏杆及扶手做法、梯段端点等的做法常用较大的比例另画出详图。

踏步详图主要表明踏步的截面形状、大小、材料及面层的做法；栏板与扶手详图主要表明栏板及扶手的形式及大小、所用材料、与踏步的连接情况等。

在多层建筑中，若中间层楼梯完全相同时，楼梯剖面图只画出底层、中间层、顶层的楼梯剖面，在中间处用折断线符号隔开，并在中间层的楼面和楼梯平台面上注写适用于其他中间层楼梯的标高。

二、施工图识读

图 12-2 是某建筑的一层楼梯平面图。楼梯间的开间为 3600mm，进深为 5700mm。梯段长度为 3300mm，宽度为 1590mm，每个梯段都有 11 个踏面，踏面宽度均为 300mm，长度为 1590mm。梯井宽度为 180mm，两边的墙厚为 240mm。

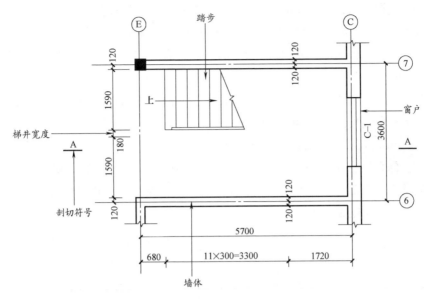

图 12-2 某建筑一层楼梯平面图

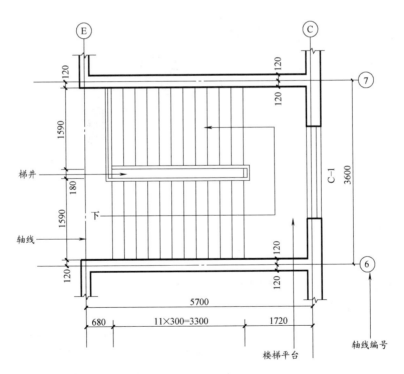

图 12-3 某建筑二层楼梯平面图

图 12-3 是某建筑的二层楼梯平面图。楼梯间的开间为 3600mm，进深为

5700mm。梯段长度为3300mm，宽度为1590mm，每个梯段都有11个踏面，踏面宽度均为300mm，长度为1590mm。梯井宽度180mm，楼梯休息平台的宽度为1720mm和680mm，楼梯顶层悬空的一侧，有一段水平的安全栏杆。两边的墙厚为240mm。

图12-4是某建筑的楼梯剖面图。从底层平面图中可以看出，是从楼梯上行的第一个梯段剖切的。楼梯每层有两个梯段，每一个梯段有12级踏步，每级踏步高150mm，每个梯段高1800mm。楼梯间窗户高为1800mm和窗台高度为900mm。休息平台标高为1.800m。墙身处设100mm高的踢脚，楼梯栏杆采用不锈钢栏杆，高1.05m，做法见相关图集。踏步防滑条及护窗栏杆做法见相关图集。梯板以及梯梁采用混凝土材料。

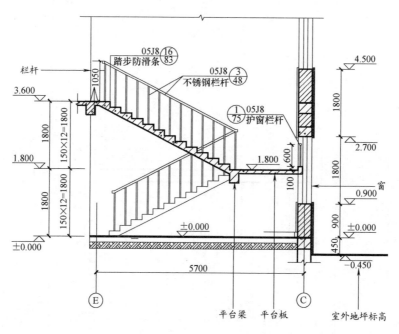

图12-4　某建筑楼梯剖面图

由图12-5可以看出，楼梯的扶手高为900mm，采用直径60mm、壁厚2mm的不锈钢管，楼梯栏杆采用直径20mm、壁厚2mm的不锈钢管，两个踏步之间放1根；另一种是直径30mm、壁厚2mm的不锈钢管，每个踏步之间放1根。扶手和栏杆采用焊接连接。楼梯踏步的做法一般与楼地面相同。踏步的防滑采用成品金属防滑包角。楼梯栏杆底部与踏步上的预埋件焊接连接，连接后盖不锈钢法兰。踏步宽度为260mm，栏杆间距140mm，扶手弯头处半径为80mm。

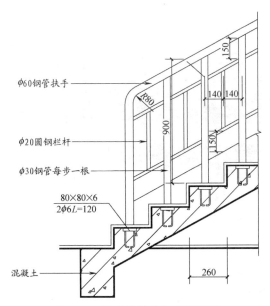

φ60钢管扶手

φ20圆钢栏杆

φ30钢管每步一根

80×80×6
2φ6L=120

混凝土

图 12-5　某建筑踏步和栏杆详图

第13小时

钢烟囱平面布置图识读

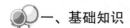 一、基础知识

1. 烟囱施工图的类别

烟囱是在生产或生活中需采用燃料的设施，用来排除烟气的高耸构筑物。它由基础、囱身（包括内衬）和囱顶装置三部分组成。外形有方形和圆形两种，以圆形居多。材料上可以用砖、钢筋混凝土、钢板等做成。砖烟囱由于大量用砖，耗费土地资源，已不再建造。而钢筋混凝土材料建成的烟囱，由于它刚度好，且稳定，已达到高度200m以上。钢板卷成筒形的烟囱，则使用于一般小型加热设施，构造简单。

2. 烟囱的分类

一般有砖烟囱、钢筋混凝土烟囱和钢烟囱三类。

其材质一般分为三种：钢质、石棉、陶质，这几种一般用在小的场所。

另外还有用砖头建造的，多为圆柱形，上细下粗，一般用在工业的大厂房。

3. 烟囱的用途

烟囱的主要作用是拔火拔烟，排走烟气，改善燃烧条件。

二、施工图识读

由图13-1中可以看出，烟囱布置在长宽均为6000mm的地块中心上，烟囱外径为1800mm，内径为1640mm。

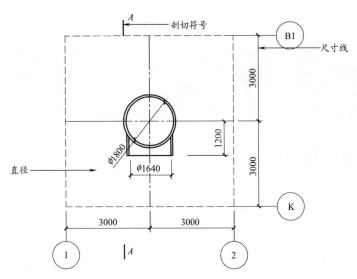

图 13-1　某钢烟囱平面布置图

第14小时

钢烟囱剖面图识读

 一、基础知识

1. 烟囱的构造

烟囱的构造见表 14-1。

烟囱的构造 表 14-1

项　　目	内　　容
烟囱基础	在地面以下的部分均称为基础,它有基础底板,底板上有圆筒形囱身下的基座。基础底板和外壁用钢筋混凝土材料做成;用耐火材料作内衬
囱身	烟囱在地面以上部分称为囱身。它也分为外壁和内衬两部分,外壁在竖向有 1.5%～3% 的坡度,是一个上口直径小,下部直径大的细长、高耸的截头圆锥体。外壁是钢筋混凝土浇筑而成,施工中采用滑模施工方法建造;内衬是放在外壁筒身内,离外壁混凝土有 50～100mm 的空隙,空隙中可放隔热材料,也可以是空气层。内衬可用耐热混凝土浇筑做成,也可以用耐火砖进行砌筑,烟气温度低的,也可用黏土砖砌成
囱顶	囱顶是囱身顶部的一段构造。它在外壁部分模板要使囱口形成一些线条和凹凸面,以示囱身结束,烟囱高度到位,同时由于烟囱很高,顶部需要安装避雷针、信号灯、爬梯到顶的休息平台和护栏等,所以该部位较其下部囱身施工要复杂些,因此构造上单独划为一个部分

2. 烟囱的类别

烟囱类别见表 14-2。

烟囱类别

表 14-2

类　别	特　点
砖烟囱	砖烟囱高度一般在 50m 以下,筒身用砖砌筑,筒壁坡度为 2‰～3‰,并按高度分为若干段,每段高度不宜超过 15m。筒壁厚度由下至上逐段变薄,但每一段内的厚度应相同,如图 14-1 所示。 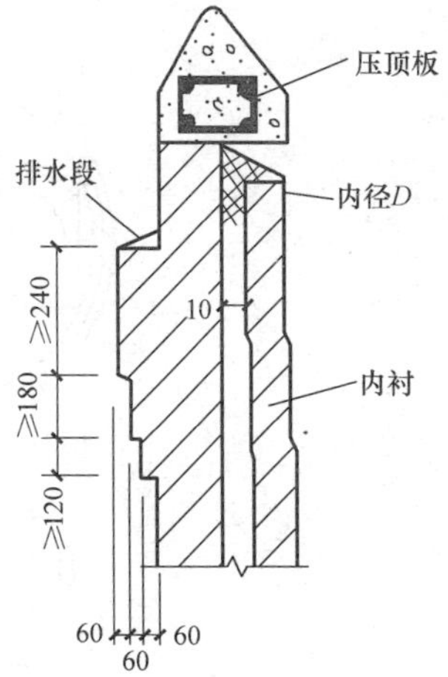 图 14-1　砖筒壁顶部构造
钢筋混凝土烟囱	钢筋混凝土烟囱筒身高度一般为 60～250m,底部直径 7～16m,筒壁坡度常采用 2‰,筒壁厚度可随分段高度自下而上呈阶梯形减薄,但同一分段内的厚度应相同,分段高度一般不大于 15m,当采用滑模施工时筒壁厚度不宜小于 160mm,筒身顶部 4～5m 为筒首,如图 14-2 所示。 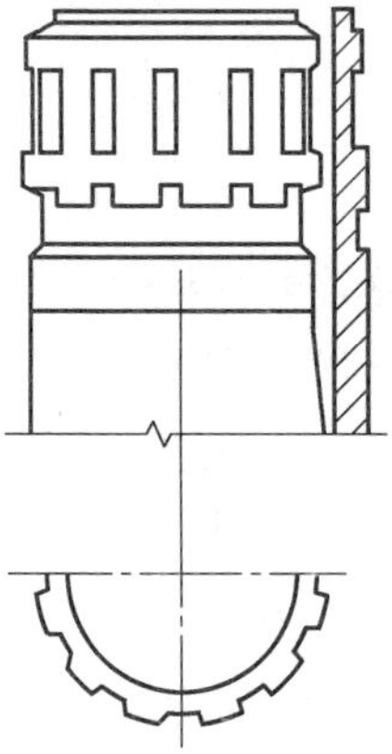 图 14-2　筒首构造

类　　别	特　　点
双筒或多筒式烟囱	双筒或多筒式烟囱一般外筒为钢筋混凝土结构,筒体结构向上呈坡变截面,最小厚度一般为 280mm,内筒为钢结构,外包矿渣棉等保温材料,钢筒内为自立式,基础一般为原板式整体基础,下面做桩基础,如图 14-3 所示。 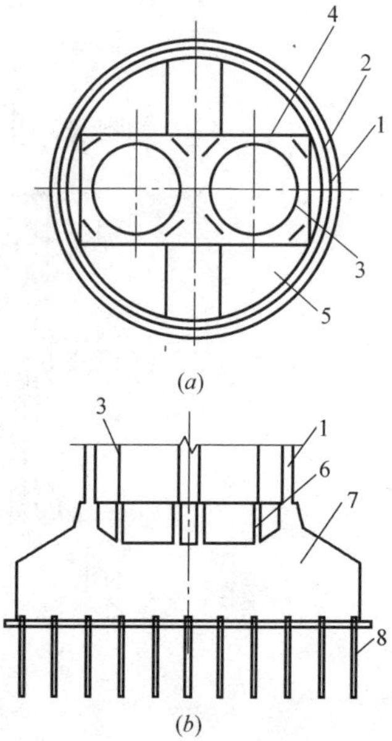 (a) (b) 图 14-3　双筒钢烟囱 1—钢筋混凝土筒身;2—支承牛腿;3—钢内筒;4—H 型钢梁; 5—钢平台;6—钢内筒筒座;7—烟囱基础;8—桩基础

🗨 二、施工图识读

从图 14-4 中可以看出,烟囱高度从地面作为 ± 0.000 点算起有 30m 高。± 0.000 以下为基础部分,另有基础图纸。

烟囱身顶标高为 30.000m,分为若干段,有 10m 段及 20m 段两种尺寸。并在分段处的节点构造用圆圈画出,另绘详图说明。烟囱内径为 1800mm,在标高 2.000m 处设有一直径为 600mm 的清灰孔,周围以〔10 加固。标高 6.000m 处设一烟道入口,直径 1640mm。在烟囱囱身 ± 0.000 及以上 1500mm 之间内灌 C15 素混凝土。

从图 14-5 中可以看出烟囱内分好几种直径,1400mm、1800mm、2000mm、1820mm 及 2250mm、1600mm。烟囱使用锚栓在基座上固定,锚栓孔径为 32mm。

烟囱类别

表 14-2

类 别	特 点
砖烟囱	砖烟囱高度一般在 50m 以下,筒身用砖砌筑,筒壁坡度为 2‰~3‰,并按高度分为若干段,每段高度不宜超过 15m。筒壁厚度由下至上逐段变薄,但每一段内的厚度应相同,如图 14-1 所示。 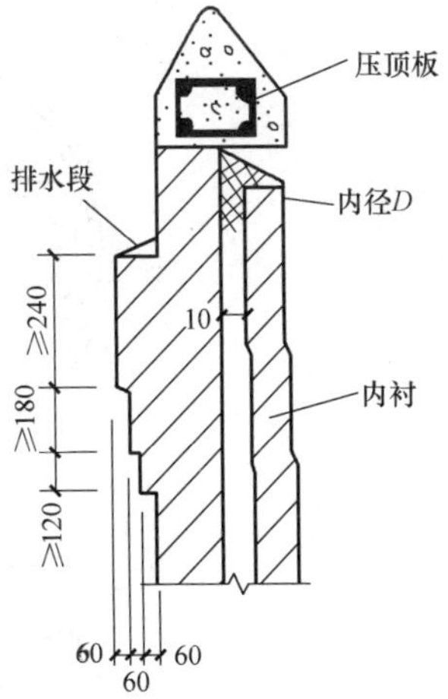 图 14-1 砖筒壁顶部构造
钢筋混凝土烟囱	钢筋混凝土烟囱筒身高度一般为 60~250m,底部直径 7~16m,筒壁坡度常采用 2‰,筒壁厚度可随分段高度自下而上呈阶梯形减薄,但同一分段内的厚度应相同,分段高度一般不大于 15m,当采用滑模施工时筒壁厚度不宜小于 160mm,筒身顶部 4~5m 为筒首,如图 14-2 所示。 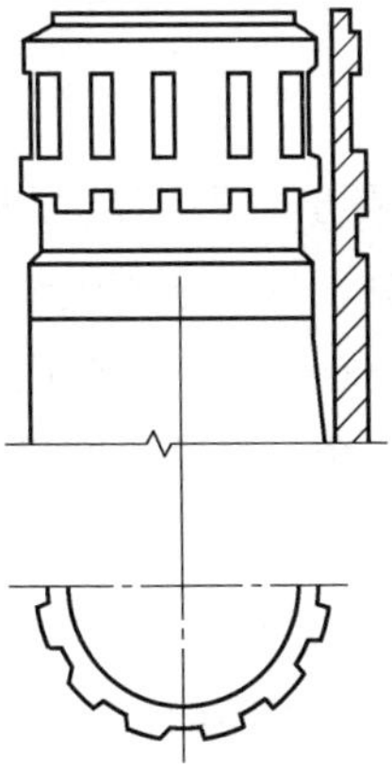 图 14-2 筒首构造

续表

类　　别	特　　点
双筒或多筒式烟囱	双筒或多筒式烟囱一般外筒为钢筋混凝土结构,筒体结构向上呈坡变截面,最小厚度一般为280mm,内筒为钢结构,外包矿渣棉等保温材料,钢筒内为自立式,基础一般为原板式整体基础,下面做桩基础,如图14-3所示。 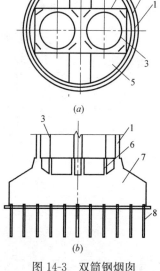 图 14-3　双筒钢烟囱 1—钢筋混凝土筒身;2—支承牛腿;3—钢内筒;4—H 型钢梁; 5—钢平台;6—钢内筒筒座;7—烟囱基础;8—桩基础

💬 二、施工图识读

从图 14-4 中可以看出,烟囱高度从地面作为 ±0.000 点算起有 30m 高。±0.000 以下为基础部分,另有基础图纸。

烟囱身顶标高为 30.000m,分为若干段,有 10m 段及 20m 段两种尺寸。并在分段处的节点构造用圆圈画出,另绘详图说明。烟囱内径为 1800mm,在标高 2.000m 处设有一直径为 600mm 的清灰孔,周围以 [10 加固。标高 6.000m 处设一烟道入口,直径 1640mm。在烟囱囱身±0.000 及以上 1500mm 之间内灌 C15 素混凝土。

从图 14-5 中可以看出烟囱内分好几种直径,1400mm、1800mm、2000mm、1820mm 及 2250mm、1600mm。烟囱使用锚栓在基座上固定,锚栓孔径为 32mm。

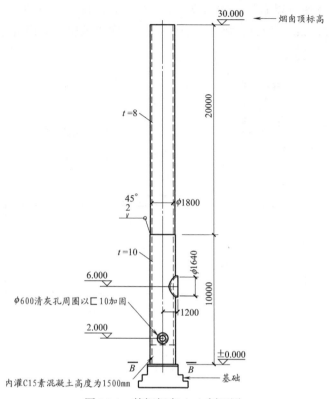

图 14-4 某钢烟囱 A-A 剖面图

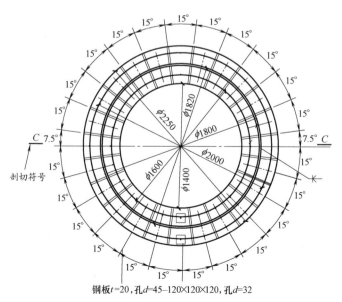

钢板t=20,孔d=45—120×120×120,孔d=32

图 14-5 某钢烟囱 B-B 剖面图

从图 14-6 中可以看出，烟囱直径为 1800mm，在基础与烟囱之间有一二次浇灌层，厚 50mm，比±0.000 低 50mm，即二次浇灌层顶标高为−0.050m，采用 C20 细石混凝土。

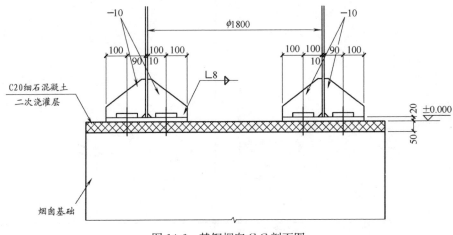

图 14-6　某钢烟囱 C-C 剖面图

第15小时

烟囱外形图的识读

1. 烟囱内衬

砖烟囱局部设置内衬时，其最低设置高度应超过烟道孔顶，超出高度不应小于1/2孔高。一般内衬的厚度应通过计算确定。但烟道进口处一节的筒壁或基础内衬厚度，不应小于200mm或一砖厚，其他各节不应小于100mm或半砖厚。两节内衬的搭接长度不应小于360mm或6皮砖，如图15-1所示。

2. 烟囱隔热层

（1）空气隔热层在内衬和筒壁间采用空气隔热层时，厚度一般为50mm，同时在内衬外表面按纵向间距1m、环向间距0.5m的要求挑出一块顶砖，顶砖与筒壁之间应溜出10mm的缝宽，如图15-2所示。

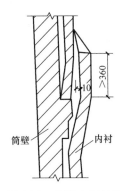

图 15-1　烟囱内衬结构

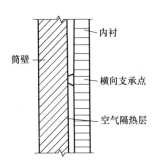

图 15-2　内衬顶砖支承

（2）填料隔热层用高炉水渣、蛭石、矿渣棉、膨胀珍珠岩或加气混凝土块体作为隔热填料时，填料层厚度一般为80～200mm。当隔热填料为松散材料时，在内衬外表面按纵向间距 1.5~2.5m 设置一圈防沉带。防沉带与筒壁之间应留出 10mm 宽的温度缝，如图 15-3 所示。

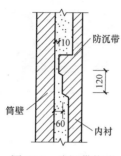

图 15-3 防沉带构造

3. 烟囱附件

（1）烟囱爬梯。

烟囱外部爬梯，供观察修理烟囱、检修信号灯和避雷设施之用。爬梯宜在离地面 2.5m 处开始设置，直至烟囱顶端。爬梯的设置方向，一般设置在常年风向的上风方向。当烟囱高度小于 40m 时，爬梯可不设置围栏；当烟囱高度为 40~60m 时，在爬梯上半段设置围栏；当烟囱高度大于 60m 时，在 30m 以上的部位设置围栏。

烟囱高度大于 40m 时，尚应在爬梯上每隔 20m 设置一活动休息板。

（2）信号灯平台。

检修或安装信号灯用的平台，当烟囱高度小于 60m，无特殊要求时可不设置；当烟囱高度为 60~100m 时，可仅在顶部设置；当烟囱高度大于 100m 时，尚应在中部适当位置增设信号灯平台。

（3）避雷设施。

避雷设施包括避雷针、导线及接地等，避雷针的数量是根据烟囱的高度与上口内径而定。避雷针用 $\phi 10$~$\phi 12$ 的镀锌钢绞线连成一体，下端连接点与导线以铜焊接严密。导线沿外爬梯至地下与接地极扁钢带焊接。接地是由镀锌扁钢带与数根接地极焊接而成。接地极以 $\phi 50mm$ 的镀锌钢管或角钢制作，沿烟囱基础四周成环形布置，并与镀锌扁钢带焊接在一起。接地极的数量根据土的种类而定。

二、施工图识读

从图 15-4 中可以看出，烟囱高度从地面作为 ±0.000 点算起有 120m 高。烟囱顶部设置避雷针，在标高 118.00m 处设置一囱顶平台。±0.000 以下为基础部分，另有基础图纸，囱身外壁为 3% 的坡度，外壁为钢筋混凝土筒体，内衬为耐热混凝土，上部内衬由于烟气温度降低采用机制黏土砖。

囱身分为若干段，如图上标出的尺寸，有 15m 段及 20m 段两种尺寸。并在分段处的节点构造用圆圈画出，另绘详图说明。详图 1 构造为红机砖隔热缝（空气）。详图 2 部分构造为耐热混凝土隔热缝填隔热材料。

在囱身底部有烟囱入口位置、存烟灰斗和下部的出灰口等，另外在烟囱外壁设有铁爬梯。

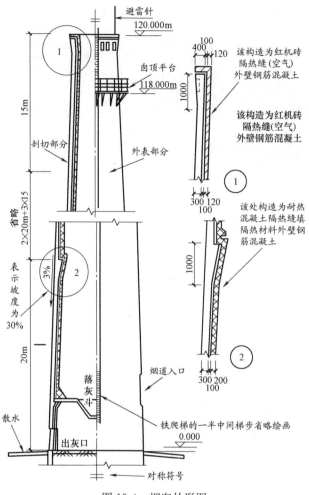

图 15-4　烟囱外形图

第16小时

水塔立面图的识读

 一、基础知识

1. 水塔施工图的类别

水塔施工图部分图纸见表 16-1。

水塔施工图部分图纸 表 16-1

项　目	内　容
水塔外形立面图	说明外形构造,有关附件,竖向标高等
水塔基础构造图	说明基础尺寸和配筋构造
水塔框架构造图	表明框架平面外形拉梁配筋等
水箱结构构造图	表明水箱直径、高度、形状和配筋构造
施工详图	有关的局部构造的施工详图

2. 水塔施工图的构造

水塔施工图的构造见表 16-2。

水塔施工图的构造 表 16-2

项　目	内　容
基础	由圆形钢筋混凝土较厚大的板块做成。使水塔具有足够承重能力和稳定性
支架部分	支架部分有用钢筋混凝土空间框架做成,也有近十年采用的钢筋混凝土圆筒支架倒锥形的水塔,造型较美观,但不适宜在寒冷地区(保温较差)采用
水箱部分	这是储存水的构造部分。有圆筒形结构,也有倒锥形结构。其容水量一般为60~100t,大的可达300t 水塔也属于较高耸的构筑物,所以也有相应的一些附件,如爬梯、休息平台、塔顶栏杆、避雷针、信号灯等

❂ 二、施工图识读

从图 16-1 上可以看出，水塔顶部为水箱，底标高为 28.000m，顶标高是 32.100m。水箱上部设有出入口盖，周围是栏杆。中间是相同构造的框架柱和拉梁，在标高 3.250m、7.250m、11.250m、15.250m、19.250m、23.600m 处设置相同构造的拉梁，水箱底部设有顶环梁。之间还有一休息平台，标高是 23.600m，从休息平台到水箱顶部的出入口盖中间设有钢梯。最底部的拉梁处设置一个上人爬梯。

水塔下部是圆形基础，基础与水塔间有一基础环梁。环梁高 300mm，顶部标高为－0.800m；圆形基础厚度为 800mm，垫层采用 C10 混凝土垫层，厚度 100mm。即基础埋深为 2m，基底直径为 9.60m。

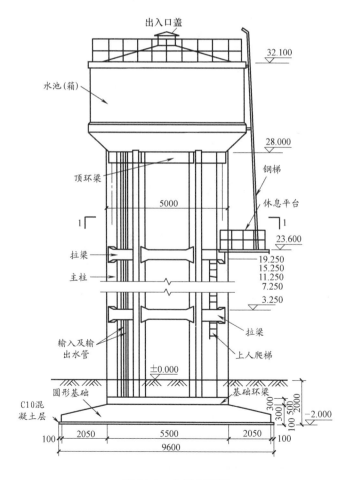

图 16-1　水塔立面图

第17小时

蓄水池平面图识读

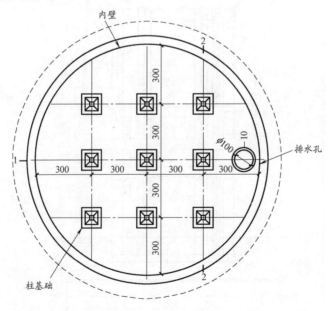

一、基础知识

1. 蓄水池概述

蓄水池是工业生产或自来水厂用来储存大量用水的构筑物。一般多半埋在地下，便于保温，外形分为矩形和圆形两种。可以储存几千立方米至一万多立方米的水。

2. 蓄水池的组成

图 17-1 蓄水池平面图

蓄水池由池底、池壁、池顶三部分组成。蓄水池都是用钢筋混凝土浇筑建成。

　　蓄水池的施工图根据池的大小、类型不同，图纸的数量也不同，一般分为水池平面图及外形图，池底板配筋构造图，池壁配筋构造图，池顶板配筋构造图以及有关的各种详图。

二、施工图识读

　　如图 17-1 所示，蓄水池为圆形设计，内壁直径为 1200mm，中间共有 9 个柱形基础，在水池边上设置一个直径为 100mm 的排水孔，壁厚为 10mm。

第18小时

蓄水池剖面图识读

一、基础知识

1. 蓄水池功能

蓄水池起到储蓄水的作用，能够维持着正常的流进流出，以免在非常规的情况下，出现渠道的干涸，从而使整体的运营受到重大的影响。

2. 蓄水池分类

(1) 蓄水池按形状特点，可分为圆形和矩形两种，见表18-1。

蓄水池分类

表 18-1

蓄水池种类	特 点
开敞式圆形蓄水池	开敞式蓄水池池体由池底和池墙两部分组成。它多是季节性蓄水池，不具备防冻、防蒸发功效。圆形池结构受力条件好，在相同蓄水量条件下所用建筑材料较省，投资较少。开敞式圆形浆砌石水池地基承载力按 10t/m² 设计，池底板为 C15 混凝土，厚度 10cm，池壁为 M7.5 水泥砂浆砌石，其厚度根据荷载条件按标准设计或有关规范确定
开敞式矩形蓄水池	矩形蓄水池的池体组成、附属设施、墙体结构与圆形蓄水池基本相同，不同的只是根据地形条件将圆形变为矩形罢了。但矩形蓄水池的结构受力条件不如圆形池好，拐角处是薄弱环节，需采取防范加固措施。当蓄水量在 60m³ 以内时，其形状近似正方形布设，当蓄水池长宽比超过 3 时，在中间需布设隔墙，以防侧压力过大使边墙失去稳定性，这样将一池分二，在隔墙上部留水口，可有效地沉淀泥沙
封闭式圆形蓄水池	封闭式蓄水池池体大部分设在地面以下，它增加了防冻保温功效，保温防冻层厚度设计要根据当地气候情况和最大冻土层深度确定，保证池水不发生结冰和冻胀破坏。封闭式蓄水池结构较复杂，投资较大，其池顶多采用薄壳形混凝土拱板或肋拱，以减轻荷载和节省资金

续表

蓄水池种类	特　　点
封闭式矩形蓄水池	矩形蓄水池适应性强,可根据地形、蓄水量要求采用不同的规格尺寸和结构形式,蓄水量变化幅度大。封闭式矩形蓄水池池底为 M7.5 水泥砂浆砌石,厚 40cm,其上浇筑 C19 混凝土,厚 15cm,池壁为混凝土,厚 15cm,顶盖采用混凝土空心板,上铺炉渣保温层,厚 1.0m,覆土层厚度 30cm,并设有爬梯及有关附属设施

（2）蓄水池按建筑材料不同，可分为砖池、浆砌石池、混凝土池等，具体见表 18-2。

蓄水池种类　　　　　　　　　　　　　　　　　　　表 18-2

蓄水池种类	特　　点
开敞式圆形蓄水池 （浆砌石墙）	施工程序分为:地基处理、池墙砌筑、池底建造、防渗处理、附属设施安装施工等
封闭式矩形蓄水池 （砖砌墙）	施工程序可分为:池体开挖、池墙砌筑、池底浇筑、防渗处理、顶盖预制安装和附属设施安装施工等

二、施工图识读

从图 18-1 中可以看出，水池内径为 1200mm，在水池底部设有出水管道和退水管道，池底总长 1663.8mm。退水管道、出水管道直径均为 20mm，在水池顶部设有上水管道。立柱采用混凝土浇筑，柱与柱中心线距离 300mm。池两侧用 M7.5 浆砌石，为斜坡形。池壁外侧及水池顶外侧回填土。另外，池顶设有检查孔盖，孔盖长 100mm，两边距离混凝土检查孔侧壁外边缘 10mm。

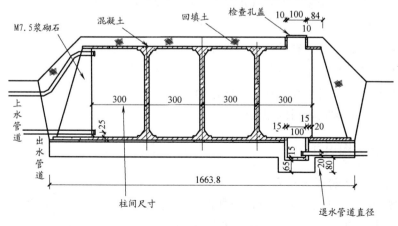

图 18-1　蓄水池剖面图

第19小时
混凝土料仓立面图识读

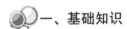一、基础知识

1. 料仓的概述

料仓是存放物料的容器，通常为钢结构或钢筋混凝土结构。料仓的结构上部大多是圆柱形或棱柱形，下部收缩为开有卸料口的锥形漏斗。

高架料仓可减少占地面积，充分利用空间，通常采用带式输送机从仓顶进料储存，从卸料口出料，用车辆或带式输送机转运；坑口料仓还可采用架空索道进出料。

2. 卸料漏斗概述

卸料漏斗是用来传递或引导散状物料流动方向的小容积料仓。漏斗可以无柱形部分而只有锥形部分，或柱形部分很短，主要起中转卸料作用。

漏斗的斗壁类型主要有直线形、抛物线形和对数曲线形等。

3. 料仓的功能

（1）贮存、输送物料的作用，以保证生产的连续性。

（2）在许多化工生产过程中，料仓常兼作反应器。

（3）料仓起到对贮存物料均化的作用。

（4）料仓起到对物料的脱水作用。

二、施工图识读

图 19-1 中各种设备见表 19-1。

从图 19-1 上可以看出，料仓的外形、高度，顶板上标高是 11.205m，筒仓的大致构造，顶上为机房，15m 高的筒体是料库，下部是出料的漏斗，出料漏斗至底部距离 2.205m，筒仓尺寸 2.70m。这些部件的荷重通过环梁传给柱子，再传到基础。平面图上可以看出筒仓和环梁仅在相邻处有连接，其他均为各自独立的筒体。

各种设备表（一）　　　　　　　　　　　　　　表 19-1

序号	名　称	序号	名　称
1	主楼钢结构	7	水、外加剂管路系统
2	φ600 混凝土出料弧门	8	卸水管路
3	3.0m³ 搅拌机	9	空气管路系统
5	回转给料器	10	骨料配料称量系统
6	水、外加剂称量系统	25	除尘装置

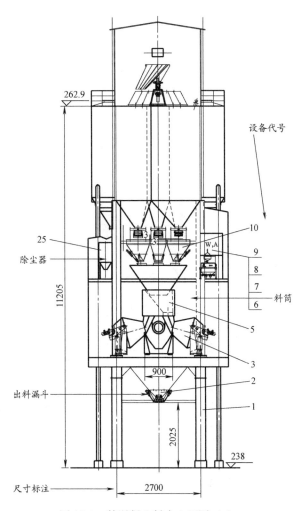

图 19-1　某混凝土料仓立面图（a）

图 19-2 中各种设备见表 19-2。

各种设备表（二）   表 19-2

序号	名称	序号	名称
11	粉料卸料螺旋机	18	振动电机座
12	粉料卸料螺旋机支架	19	冰仓
13	粉料秤	20	冰仓架子
14	粉料配料螺旋机	21	冰仓弧门
15	粉料配料螺旋机接口	22	冰秤
16	手动蝶阀 DN300	23	输冰胶带机
17	回转漏斗	24	控制室

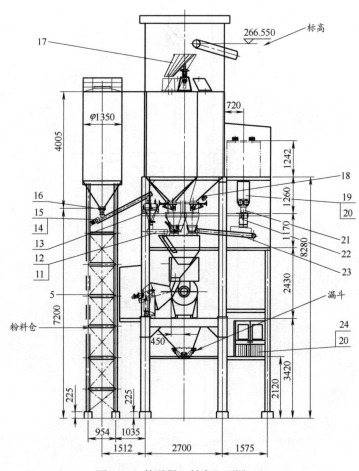

图 19-2　某混凝土料仓立面图（b）

从图 19-2 可以看出，料仓与粉料仓之间是靠粉料配料螺旋机接口联系的，输冰输送机连接料仓与冰仓。回转漏斗位于料仓顶部，冰仓架子距离底部 2.120m，冰仓及冰仓架子高 1.26m，粉料仓高 7.2m，宽为 0.954m，距料仓底部轴线距离为 1.512m。

第20小时

料仓立面及剖面图识读

一、基础知识

1. 料仓组成

料仓装置由料仓和进料、卸料、控制、计量、分配和除尘等设备组成。

2. 料仓的类型

根据其作用，料仓可分为三种类型，见表20-1。

料仓的类型 表 20-1

料仓类型	特 点
简单小型储料仓	这种储料仓结构简单，对于保温性能要求不高，甚至对于一些容积较小的储料仓则不需要保温层；混合成品料在储料仓内存放时间很短，或者不存放，只将它作为一个过渡仓使用，仅仅用于缓冲运输车辆与搅拌设备生产能力之间的矛盾。这种类型的储料仓多配备在移动式或小型固定式搅拌设备上
中型储料仓	这种类型的储料仓结构较为复杂，有一定的保温性能要求，同时储料仓的容积也相应较大，主要用于缓冲运输车辆与搅拌设备生产能力之间的矛盾；当搅拌设备拌合出成品料后，用料部门又暂时无法取用时，起短期存放混合料的作用
大型储料仓	这种类型的储料仓结构复杂，保温性能要求高，混合料储存时间长，储料仓容积大，主要用于储存成品料，解决运输车辆与搅拌设备之间的矛盾。对于超远距离和特殊要求的场合，其作用尤为明显

二、施工图识读

从图 20-1 上可以看出料仓的外形高度，顶板上标高是 21.500m，环梁处标

高是 6.500m，基础埋深是 4.50m，基础底板厚为 1m。即基础底板顶标高为
-3.500m。顶上为机房，筒体 15m 高是料库，下部是出料的漏斗，这些部件的
荷重通过环梁传给柱子，再传到基础。柱子位置在筒仓互相垂直的中心线上，看
出筒仓和环梁仅在相邻处有连接，其他均为各自独立的筒体。

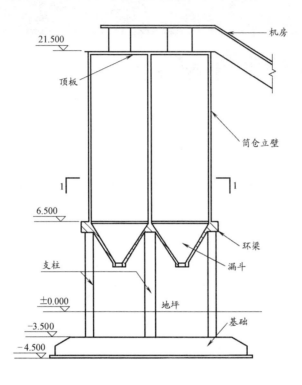

图 20-1　料仓立面及剖面图

附录A

总平面图制图基础

1. 图线

制图应根据图纸功能，图线按表 A-1 选用。

图线   表 A-1

名称		线型	线宽	用途
实线	粗		b	1. 新建建筑物±0.000 高度可见轮廓线 2. 新建铁路、管线
	中		0.7b 0.5b	1. 新建构筑物、道路、桥涵、边坡、围墙、运输设施的可见轮廓线 2. 原有标准轨距铁路
	细		0.25b	1. 新建建筑物±0.000 高度以上的可见建筑物、构筑物轮廓线 2. 原有建筑物、构筑物，原有窄轨铁路、道路、桥涵、围墙的可见轮廓线 3. 新建人行道、排水沟、坐标线、尺寸线、等高线
虚线	粗		b	新建建筑物、构筑物地下轮廓线
	中		0.5b	计划预留扩建的建筑物、构筑物、铁路、道路、运输设施、管线、建筑红线及预留用地各线
	细		0.25b	原有建筑物、构筑物、管线的地下轮廓线
单点长画线	粗		b	露天矿开采界限
	中		0.5b	土方填挖区的零点线
	细		0.25b	分水线、中心线、对称线、定位轴线
双点长画线	粗		b	用地红线
	中		0.7b	地下开采区塌落界限
	细		0.5b	建筑红线

续表

名称	线　　型	线宽	用　　途
折断线	——————〜————	0.5b	断线
不规则曲线	〜〜〜	0.5b	新建人工水体轮廓线

2. 图例

总平面图制图采用的比例见表 A-2。

比例　　　　　　　　　　　　　　　　　　　　　　表 A-2

图　　名	比　　例
现状图	1：500,1：1000,1：2000
地理交通位置图	1：25000～1：200000
总体规划、总体布置、区域位置图	1：2000,1：5000,1：10000,1：25000,1：50000
总平面图、竖向布置图、管线综合图、土方图、铁路、道路平面图	1：300,1：500,1：1000,1：2000
场地园林景观总平面图、场地园林景观竖向布置图、种植总平面图	1：300,1：500,1：1000
铁路、道路纵断面图	垂直：1：100,1：200,1：500 水平：1：1000,1：2000,1：5000
铁路、道路横断面图	1：20,1：50,1：100,1：200
场地断面图	1：100,1：200,1：500,1：1000
详图	1：1,1：2,1：5,1：10,1：20,1：50,1：100,1：200

3. 坐标标注

（1）总图应按上北下南方向绘制。总图中应绘制指北针或风玫瑰图，如图A-1 所示。

（2）坐标网格应以细实线表示。测量坐标网应画成十字线，坐标代号宜用"X、Y"表示；建筑坐标网应画成网格通线，自设坐标代号宜用"A、B"表示。坐标值为负数时，应注"－"，为正数时，"＋"可以省略。

（3）总平面图上有测量和建筑两种坐标系统时，应在附注中注明两种坐标系统的换算公式。

（4）表示建筑物、构筑物位置的坐标应根据设计不同阶段要求标注，当建筑物与构筑物与坐标轴线平行时，可注其对角坐标。与坐标轴线成角度或建筑平面复杂时，宜标注三个以上坐标，坐标宜标注在图纸上。

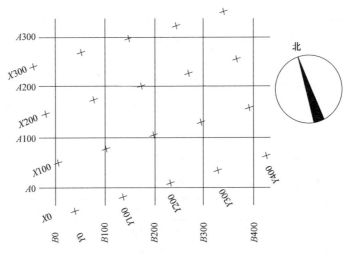

图 A-1　坐标网络

注：图中 X 为南北方向轴线，X 的增量在 X 轴线上；Y 为东西方向轴线，Y 的增量在 Y 轴线上。A 轴相当于测量坐标网中的 X 轴，B 轴相当于测量坐标网中的 Y 轴。

（5）建筑物、构筑物，应标注下列部位的坐标或定位尺寸：

1）建筑物、构筑物的外墙轴线交点。

2）圆形建筑物、构筑物的中心。

3）挡土墙起始点、转折点墙顶外侧边缘（结构面）。

4. 名称和编号

（1）总图上的建筑物、构筑物应注写名称，名称宜直接标注在图上。当图样比例小或图面无足够位置时，也可编号列表标注在图内。当图形过小时，可标注在图形外侧附近处。

（2）总图上的道路曲线转折点等，应进行编号。

（3）道路编号应符合下列规定：

1）厂矿道路宜用阿拉伯数字，外加圆圈顺序编号。

2）引道宜用上述数字后加"－1"、"－2"编号。

（4）厂矿铁路、道路的曲线转折点，应用代号 JD 后加阿拉伯数字顺序编号。

（5）一个工程中，整套总图图纸所注写的场地、建筑物、构筑物、铁路、道路等的名称应统一，各设计阶段的上述名称和编号应一致。

5. 标高标注

（1）建筑物应以接近地面处的±0.000 标高的平面作为总平面。字符平行于建筑长边书写。

（2）总图中标注的标高应为绝对标高，当标注为相对标高时，则应注明相对标高与绝对标高的换算关系。

（3）建筑物、构筑物、道路、水池等应按下列规定标注有关部位的标高：

1）建筑物标注室内±0.000处的绝对标高，在一栋建筑物内宜标注一个±0.000标高，当有不同地坪标高以相对±0.000的数值标注。

2）建筑物室外散水，标注建筑物四周转角或两对角的散水坡脚处标高。

3）构筑物标注其有代表性的标高，并用文字注明标高所指的位置。

4）道路标注路面中心线交点及变坡点标高。

5）挡土墙标注墙顶和墙趾标高，路堤、边坡标注坡顶和坡脚标高，排水沟标注沟顶和沟底标高。

6）场地平整标注其控制位置标高，铺砌场地标注其铺砌面标高。

附录B

总平面图图例

1. 总平面图图例见表 B-1。

总平面图图例   表 B-1

序号	名称	图 例	备 注
1	新建建筑物	$X=$ $Y=$ ① 12F/2D H=59.00m	新建建筑物以粗实线表示与室外地坪相接处±0.000外墙定位轮廓线; 建筑物一般以±0.000高度处的外墙定位轴线交叉点坐标定位,轴线用细实线表示,并标明轴线号; 根据不同设计阶段标注建筑编号,地上、地下层数,建筑高度,建筑出入口位置(两种表示方法均可,但同一图纸应采用同一种表示方法); 地下建筑物以粗虚线表示其轮廓; 建筑上部(±0.000以上)外挑建筑用细实线表示 建筑物上部轮廓用细虚线表示并标注位置
2	原有建筑物		用细实线表示
3	计划扩建的预留地或建筑物		用中粗虚线表示
4	拆除的建筑物		用细实线表示

续表

序号	名称	图　　例	备　　注
5	建筑物下面的通道	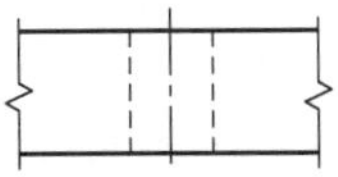	
6	散装材料露天堆场	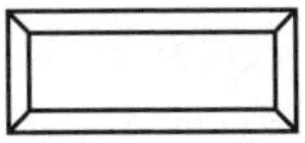	需要时可注明材料名称
7	其他材料露天堆场或露天作业场	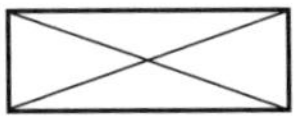	需要时可注明材料名称
8	铺砌场地	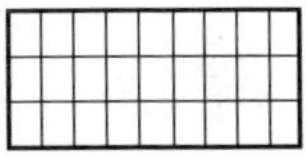	
9	敞棚或敞廊	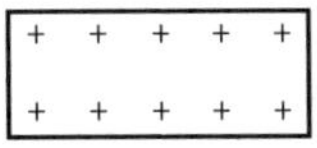	
10	高架式料仓	 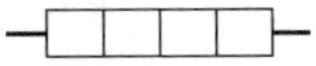	
11	漏斗式储仓		左、右图为底卸式; 中图为侧卸式
12	冷却塔(池)	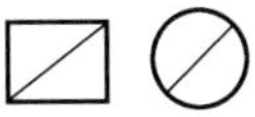	应注明冷却塔或冷却池
13	水塔、储罐	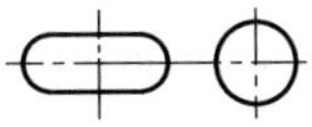	左图为卧式储罐; 右图为水塔或立式储罐
14	水池、坑槽		也可以不涂黑
15	明溜矿槽(井)	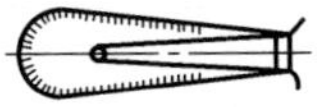	

续表

序号	名称	图　例	备　注
16	斜井或平硐		
17	烟囱		实线为烟囱下部直径,虚线为基础,必要时可注写烟囱高度和上、下口直径
18	围墙及大门		
19	挡土墙	5.00 1.50	挡土墙根据不同设计阶段的需要标注: 墙顶标高 墙底标高
20	挡土墙上设围墙		
21	台阶及无障碍坡道	(1) (2)	(1)台阶(级数仅为示意); (2)无障碍坡道
22	露天桥式起重机	$G_n=(t)$	起重机起重量 G_n,以 t 计算; "t"为柱子位置
23	露天电动葫芦	$G_n=(t)$	起重机起重量 G_n,以 t 计算; "t"为支架位置
24	门式起重机	$G_n=(t)$ $G_n=(t)$	起重机起重量 G_n,以 t 计算; 上图表示有外伸臂; 下图表示无外伸臂
25	架空索道		"I"为支架位置
26	斜坡卷扬机道		

序号	名称	图 例	备 注
27	斜坡栈桥 （皮带廊等）	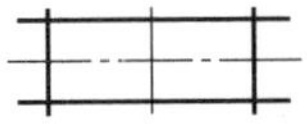	细实线表示支架中心线位置
28	坐标	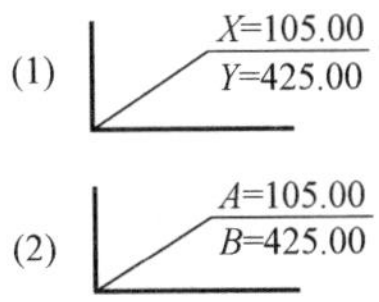 (1) $X=105.00$ $Y=425.00$ (2) $A=105.00$ $B=425.00$	(1)地形测量坐标系； (2)自设坐标系； 坐标数字平行于建筑标注
29	方格网 交叉点格高	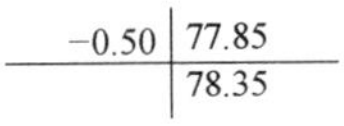 -0.50 $\begin{vmatrix}77.85\\78.35\end{vmatrix}$	"78.35"为原地面标高 "77.85"为设计标高； "—0.50"为施工高度； "—"表示挖方（"+"表示填方）
30	填方区、挖方区、 未整平区及零线	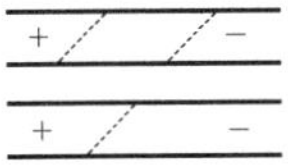	"+"表示填方区； "—"表示挖方区； 中间为未整平区； 点画线为零线
31	填挖边坡		
32	分水脊线 与谷线	 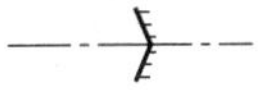	上图表示脊线； 下图表示谷线
33	洪水淹没线	 — — — — —	洪水最高水位以文字标注
34	地表排水 方向		
35	截水沟	 $\dfrac{1}{40.00}$	"1"表示1%的沟底纵向坡度；"40.00"表示变坡点间距离,箭头表示水流方向
36	排水明沟	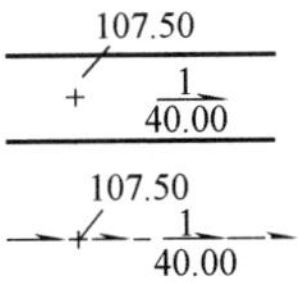 $+\dfrac{107.50}{\frac{1}{40.00}}$ $\dfrac{107.50}{\frac{1}{40.00}}$	上图用于比例较大的图面； 下图用于比例较小的图面； "1"表示1%的沟底纵向坡度；"40.00"表示变坡点间距离,箭头表示水流方向； "107.50"表示沟底变坡点标高（变坡点以"+"表示）

续表

序号	名称	图 例	备 注
37	有盖板的排水沟	$\xrightarrow{}\dfrac{1}{40.00}\xrightarrow{}$ $\xrightarrow{}\dfrac{1}{40.00}\xrightarrow{}$	
38	雨水口	(1) (2) (3)	(1)雨水口； (2)原有雨水口； (3)双落式雨水口
39	消火栓井		
40	急流槽		箭头表示水流方向
41	跌水		
42	拦水(闸)坝		
43	透水路堤		边坡较长时,可在一端或两端局部表示
44	过水路面		
45	室内地坪标高	151.00 (±0.000)	数字平行于建筑物书写
46	室外地坪标高	143.00	室外地坪标高也可采用等高线
47	盲道		
48	地下车库入口		机动车停车场
49	地面露天停车场		
50	露天机械停车场		露天机械停车场

2. 总平面图园林景观图例

总平面图中园林景观图例见表 B-2。

总平面图中园林景观图例

表 B-2

序号	名称	图　例	备　注
1	常绿针叶乔木		
2	落叶针叶乔木		
3	常绿阔叶乔木		
4	落叶阔叶乔木		
5	常绿阔叶灌木		
6	落叶阔叶灌木		
7	落叶阔叶乔木林		
8	常绿阔叶乔木林		

序号	名称	图 例	备 注
9	常绿针叶乔木林		
10	落叶针叶乔木林		
11	针阔混交林		
12	落叶灌木林		
13	整形绿篱		
14	草坪	(1) (2) (3)	(1)草坪; (2)自然草坪; (3)人工草坪
15	花卉		

序号	名称	图　例	备　注
16	竹丛		
17	棕榈植物		
18	水生植物		
19	植草砖		
20	土石假山		包括"土包石"、"石包土"及假山
21	独立景石		
22	自然水体		表示河流,以箭头表示水流方向
23	人工水体		
24	喷泉		

3. 总平面图道路、铁路图例

总平面图道路、铁路图例见表B-3。

总平面图道路、铁路图例 表 B-3

序号	名称	图例	备注
1	新建的道路		"$R = 6.00$"表示道路转弯半径；"107.50"为道路中心线交叉点设计标高，两种表示方式均可,同一图纸采用一种方式表示；"100.00"为变坡点之间距离，"0.30%"表示道路坡度,→表示坡向
2	道路断面	(1) (2) (3) (4)	(1)双坡立道牙； (2)单坡立道牙； (3)双坡平道牙； (4)单坡平道牙
3	原有道路		
4	计划扩建的道路		
5	拆除的道路		
6	人行道		

续表

序号	名称	图 例	备 注
7	道路曲线段	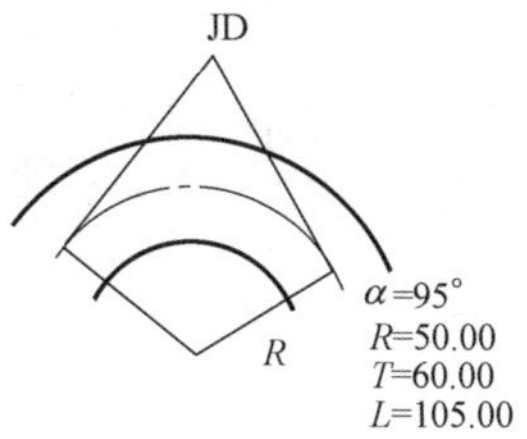 JD α=95° R=50.00 T=60.00 L=105.00	主干道宜标注以下内容: JD为曲线转折点,编号应标坐标,α为交点,T为切线长,L为曲线长,R为中心线转弯半径; 其他道路可标转折点、坐标及半径
8	道路隧道	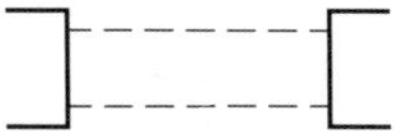	
9	汽车衡	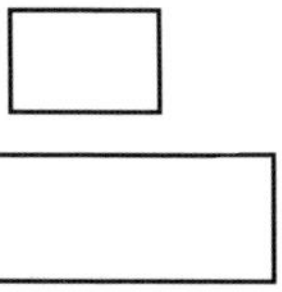	
10	汽车洗车台	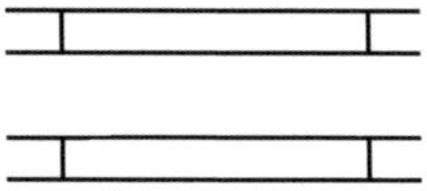 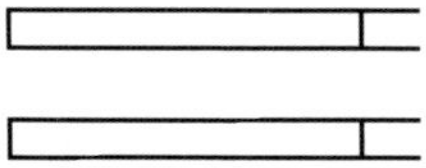	上图为贯通式;下图为尽头式
11	运煤走廊	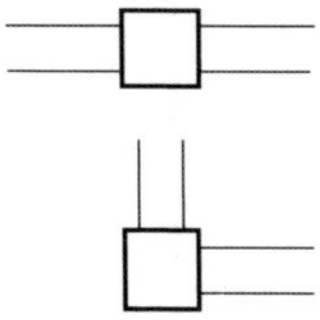	
12	新建的标准轨距铁路		
13	原有的标准轨距铁路		
14	计划扩建的标准轨距铁路		
15	拆除的标准轨距铁路		

续表

序号	名称	图　例	备　注
16	原有的窄轨铁路	GJ762	"GJ762"为轨距(以"mm"计)
17	拆除的窄轨铁路	GJ762	
18	新建的标准轨距电气铁路		
19	原有的标准轨距电气铁路		
20	计划扩建的标准轨距电气铁路		
21	拆除的标准轨距电气铁路		
22	原有车站		
23	拆除原有车站		
24	新设计车站		
25	规划的车站		
26	工矿企业车站		
27	单开道岔	n	
28	单式对称道岔	n	
29	单式交分道岔	$1/n$ / 3	"$1/n$"表示道岔号数;"n"表示道岔号
30	复式交分道岔	n	

序号	名称	图 例	备 注
31	交叉渡线	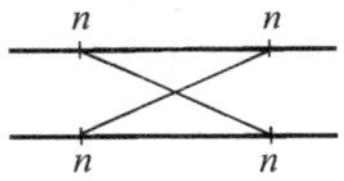	
32	菱形交叉		
33	车挡		上图为土堆式；下图为非土堆式
34	警冲标		
35	坡度标	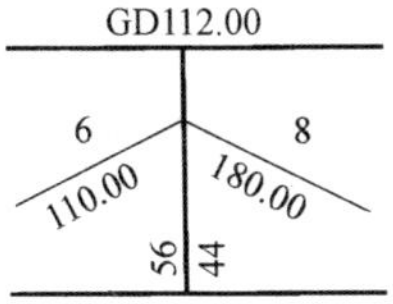 GD112.00 6 8 110.00 180.00 56 44	"GD112.00"为轨顶标高；"6"、"8"表示纵向坡度为 6‰、8‰；倾斜方向表示坡向；"110.00"、"180.00"为变坡点间距离；"56"、"44"为至前后百尺标距离
36	铁路曲线段	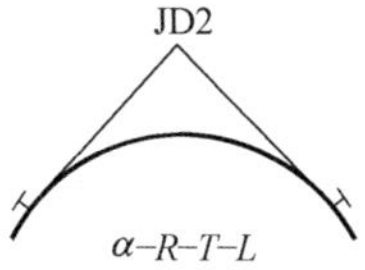 JD2 α-R-T-L	"JD2"为曲线转折点编号；"α"为曲线转向角；"R"为曲线半径；"T"为切线长；"L"为曲线长
37	轨道衡	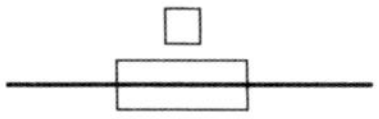	粗线表示铁路
38	站台	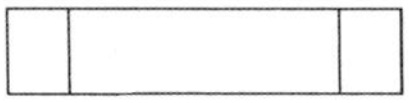	
39	煤台	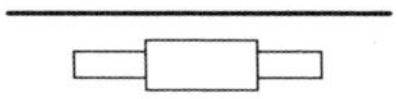	
40	灰坑或检查坑	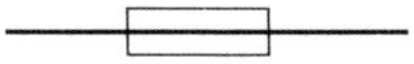	粗线表示铁路
41	转盘	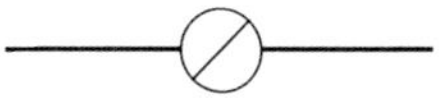	

续表

序号	名称	图 例	备 注
42	高柱色灯信号机	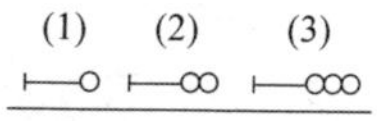 (1) (2) (3)	(1)出站、预告; (2)进站; (3)驼峰及复式信号
43	矮柱色灯信号机	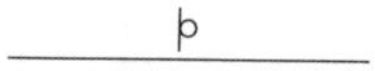	
44	灯塔		左图为钢筋混凝土灯塔; 中图为木灯塔; 右图为铁灯塔
45	灯桥	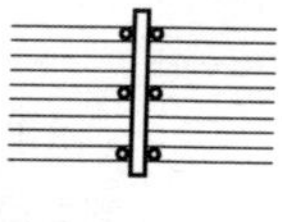	
46	铁路隧道		
47	涵洞、涵管	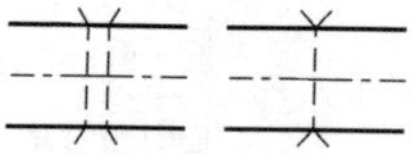 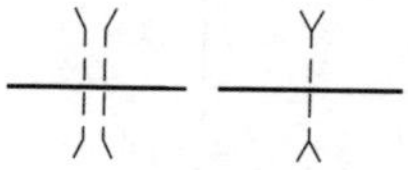	上图为道路涵洞、涵管,下图为铁路涵洞、涵管; 左图用于比例较大的图面,右图用于比例较小的图面
48	桥梁	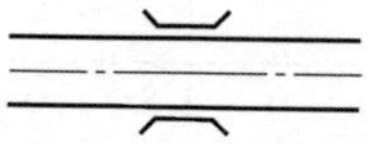 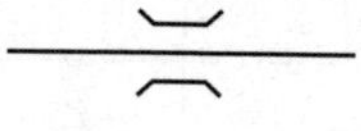	用于旱桥时应注明: 上图为公路桥;下图为铁路桥
49	跨线桥		道路跨铁路 铁路跨道路

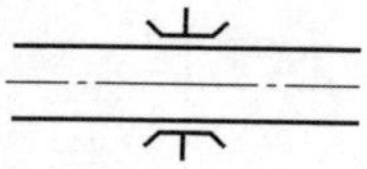

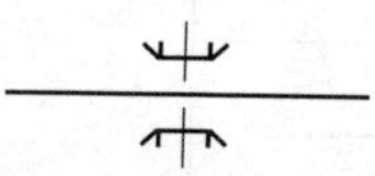

续表

序号	名称	图　例	备　注
49	跨线桥	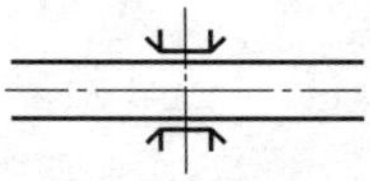	道路跨道路
		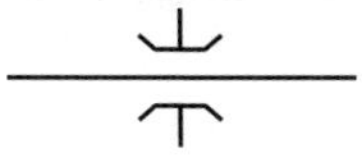	铁路跨铁路
50	码头	 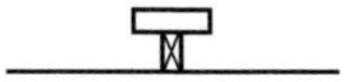	上图为固定码头；下图为浮动码头
51	运行的发电站		
52	规划的发电站	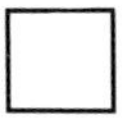	
53	规划的变电站、配电所	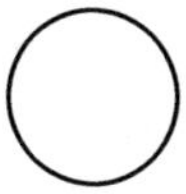	
54	运行的变电站、配电所	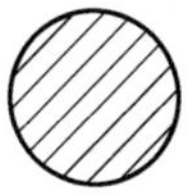	

附录C

平面图图例

1. 建筑构造及配件图例。

建筑构造及配件图例见表 C-1。

建筑构造及配件图例 　　　　　　　　　　　　　　　　　　 表 C-1

名　称	图　例	说　明
墙体		应加注文字或填充图例表示墙体材料,在项目设计图纸说明中,列材料图例表给予说明
隔断		(1)包括板条抹灰、木材制作、石膏板及金属材料等隔断。 (2)适用于到顶与不到顶隔断
栏杆		—
楼梯	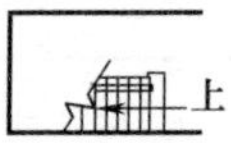 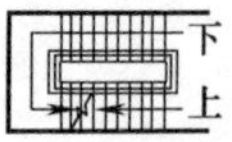 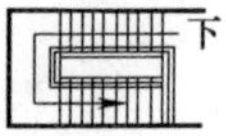	上图为底层楼梯平面图,中图为中间层楼梯平面图,下图为顶层楼梯平面图。 楼梯及栏杆扶手的形式和梯段踏步数应按实际情况绘制
坡道	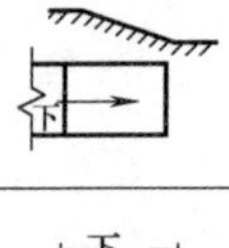 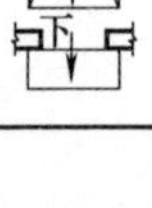	上图为长坡道,下图为门口坡道

续表

名 称	图 例	说 明
检查孔	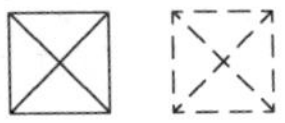	左图为可见检查孔,右图为不可见检查孔
平面高差	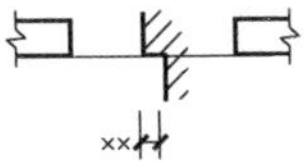 ××↓	适用于高差小于100mm 的两个地面或楼面相接处
墙预留洞	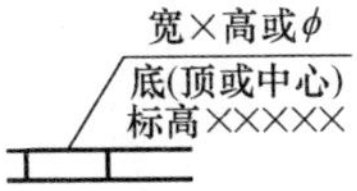 宽×高或φ 底(顶或中心) 标高×××××	—
自动扶梯	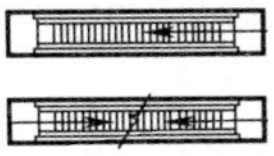 上 下	—
电梯	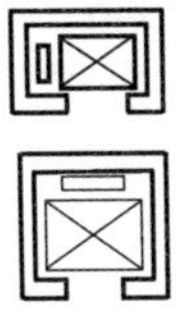	(1)电梯应注明类型并绘出门和平行锤的实际位置。 (2)观景电梯等特殊类型电梯应参照图例按实际情况绘制
立转窗	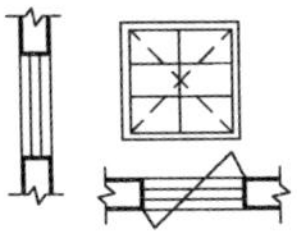	
单层外开平开窗	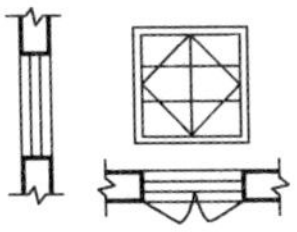	(1)窗的名称代号用C表示。 (2)立面图中的斜线表示窗的开关方向,实线为外开,虚线为内开;开启方向线交角的一侧为安装合页的一侧,一般设计图中可不表示。 (3)剖面图上,左为外,右为内;平面图上,下为外,上为内。 (4)平、剖面图上的虚线仅说明开关方式,在设计图中无须表示。 (5)窗的立面形式应按实际情况绘制。 (6)小比例绘图时,平、剖面的窗线可用单粗实线表示
单层内开平开窗	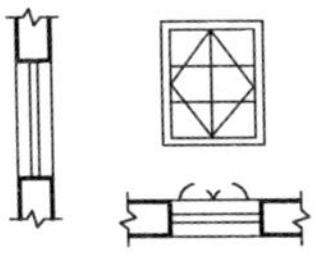	
推拉窗	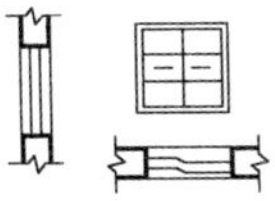	
高窗	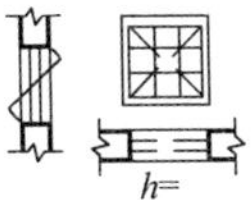 h=	

名　称	图　例	说　明
空门洞	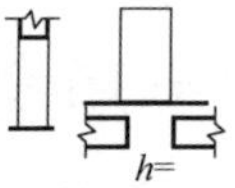	h 为门洞高度
单扇门(包括平开或单面弹簧)	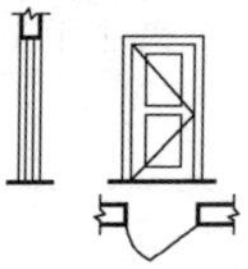	(1)门的名称代号用 M 表示。 (2)剖面图,左为外,右为内;平面图,下为外,上为内。 (3)立面图上开启方向线交角的一侧为安装合页的一侧,实线为外开,虚线为内开。 (4)平面图上线应 90°或 45°开启,开启弧线宜绘出。 (5)立面图上的开启线在一般设计图中不表示,在详图及室内设计图中应表示。 (6)立面形式应按实际情况绘制
双扇门(包括平开或单面弹簧)	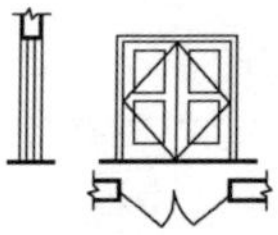	
单扇双面弹簧门	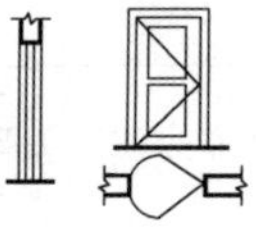	
双扇双面弹簧门	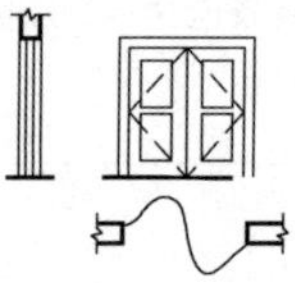	
转门	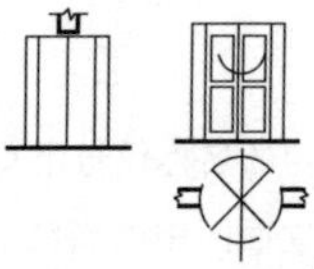	

2. 建筑平面图门窗表

建筑平面图门窗表见表 C-2。

门窗表　　　　　　　　　　表 C-2

编号	洞口尺寸(mm)		数　量				合计	备注
	宽度	高度	1层	2层	3层	4层		
HTC-21	1800	2100	3				3	
HTC-22	2100	2100	2				2	
HTC-10	1200	2100	1				1	
PSC6-25	600	1200	4				4	
HTC-11	1500	2100	5				5	

续表

编号	洞口尺寸（mm）		数　量				合计	备注
	宽度	高度	1层	2层	3层	4层		
PSC5-15	900	900	1				1	
TSC8-30A	1800	1500		4	4	4	12	
HSM-41	2100	2400		1	1	1	3	
HSM-42	2100	2400		1	1	1	3	
PSC5-64	1200	1500		2	2	2	6	
TSC8-29A	1500	1500		5	5	5	15	
PSC5-27	900	1200		1	1	1	3	
M97	1000	2600	4	9	9	5	27	
M52	1000	2100	2	2	2	2	6	
M89	1200	2600	1			1	2	
M51	900	2100	1				1	
ZM1	1800	3100	1				1	
ZM2	1200	3100	1				1	

参 考 文 献

［1］ 中国标准设计研究院. 混凝土结构施工图平面整体表示方法制图规则和构造详图［S］. 北京：中国计划出版社，2006.

［2］ 丁宇明，黄水生. 土建工程制图［M］. 北京：高等教育出版社，2004.

［3］ 张多峰. 建筑工程制图［M］. 北京：中国水利水电出版社，2004.

［4］ 中华人民共和国住房和城乡建设部. GB/T 50105—2010 建筑结构制图标准［S］. 北京：中国计划出版社，2010.